進化教育学入門

動物行動学から見た学習

小林朋道

Tomomichi Kobayashi

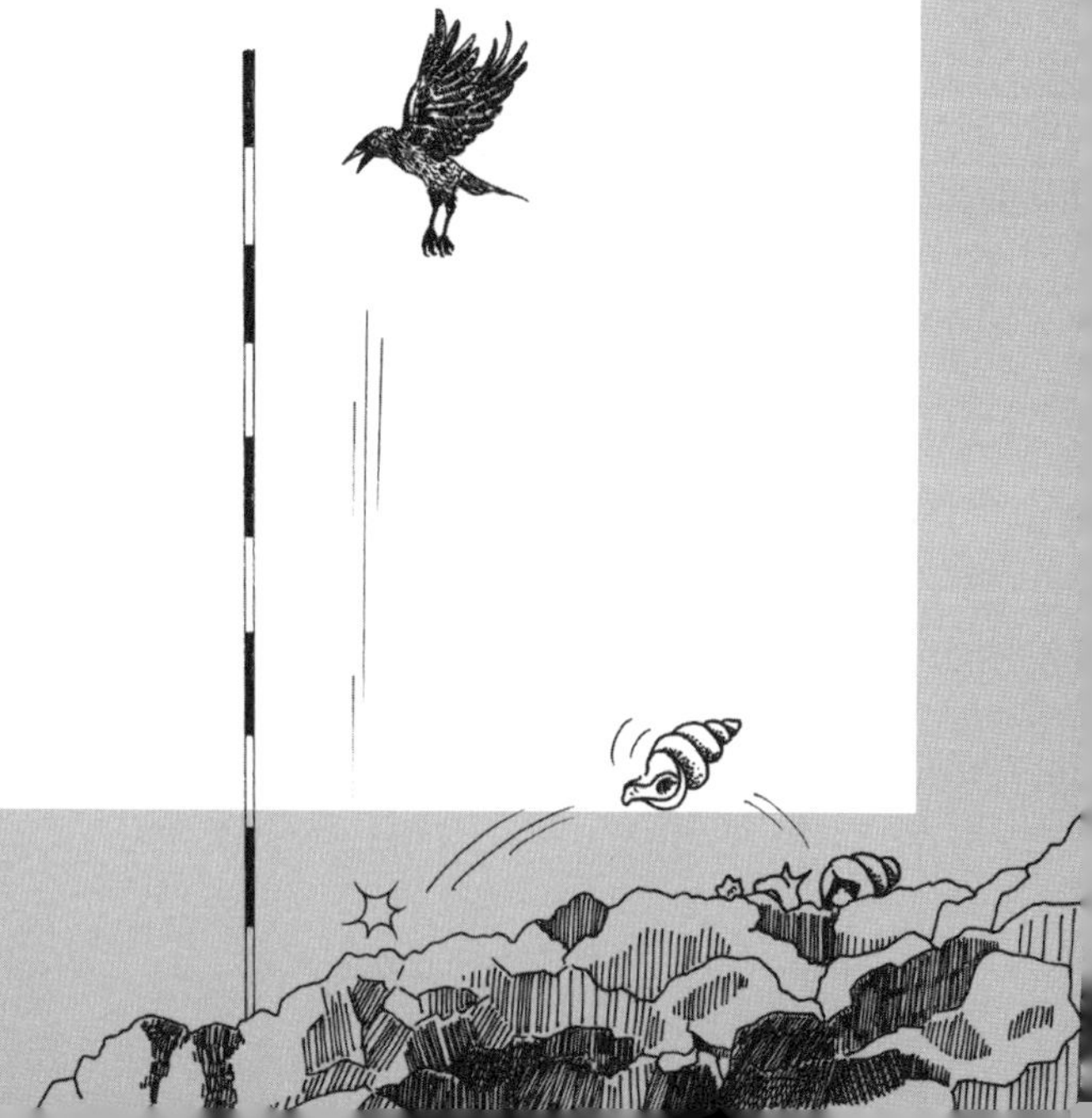

進化教育学入門——動物行動学から見た学習　目次

プロローグ　動物行動学で「学習」の理論を統一する　3

第Ⅰ部　動物の学習、ヒトの学習

エピローグ　現代人の精神活動は狩猟採集時代に適応しているのか？　185

あとがき――進化教育学のさらなる理解のために　207

進化教育学入門——動物行動学から見た学習

プロローグ　動物行動学で「学習」の理論を統一する

有効な学習の羅針盤

私は本書で、これまで、日本ではほとんど統一的に論じられることがなかった「動物行動学から見たヒトの学習、あるいは、その知見から導かれる効果的な教育」について述べたいと思います。

これまで、そして、私がこれを書いている今も、効果的な学習法について多くの本が出版されています。それは、心理学を基盤にしたものであったり、脳科学を基盤にしたものであったり、あるいは、それまでの著者自身の経験をもとにしたものであったりと、さまざまです。また、いっぽうで、最新のデジタル技術を利用したさまざまな学習機器も登場しています。それらの中であげられている個々の方法や考え方、また技術が生み出す学習のデザインは、たいていは、説得力のある優れた内容で、確かに効果がありそうだな、と私も思います。ただし、その一方で、私は以前から、「説得力のある優れた内容・手法に、なぜ効果があるのか」についての科学的理由も含めて、有効な学習法の考案の羅針盤になるような、統一的な理論のようなものをまとめてみたいと考えてきました。私のその作業を支えてくれる学問分野が、ヒトも含めた動物を、進化の産物としてとらえる「動物行動学」です。

学習を動物行動学の視点から見ることの独自性、斬新さは、「生物の形態や行動のみならず、心理や思考等の精神活動も、その生物の生存・繁殖に有利になるようにデザインされている」という進化のしくみを根底に置いているところです。

「学習」はまさに、典型的な精神活動の一つであり、学習の特性を理解するために、「学習がその個体の生存・繁殖に有利になるようにデザインされている」という認識は、とても大きな助けになるのです。たとえば、どのようなとき、どのような学習がなされるかという理解が深まれば、繰り返しになりますが、「説得力のある優れた内容・手法に、なぜ効果があるのか」についての科学的で有効な答えになり、新たな学習法への羅針盤になるような、統一的な理論に近づくことができると思うのです。

本書をはじめるにあたって、「動物行動学とはどういう学問か」そして「なぜ、学習を、動物行動学から見ることが斬新で有効なのか」について、もう少し詳しくお話ししておきたいと思います。

動物行動学とはどんな学問か

動物行動学に関する話題で、あるラジオ番組への出演を頼まれたとき、打ち合わせでパーソナリティーの方から次のように言われたことがあります。

「最初、動物行動学というのはどんな学問ですかとお聞きしますから、簡単に話してください」

もちろん軽い気持ちで言われたのでしょうが、私はその依頼にとても困ってしまいました。そして、考え込んでいる私を見かねたのか、続けて次のように言われました。

「まー、動物の行動をいろいろ調べる学問です、みたいな感じで言っていただければ結構です」

でも、そういうわけにはいきません。

もし動物行動学がそんな学問だとすると、動物の心理学や生理学など、いろいろな学問が動物行動学と同じになってしまいます。
一九七三年に、「動物行動学という重要な学問分野の確立」という業績でノーベル賞を受賞した三人の研究者のうちの一人、ニコ・ティンバーゲンは、動物行動学を次のような学問だと説明しています。

動物行動学は、四つの「なぜ」について研究することによって、行動についての理解を深める学問である。

そして、四つの「なぜ」を、以下のように定義しています。

①至近的要因：体内でどのような変化が起こって、その行動が現れるのか。
②究極的要因：その行動は、その動物の生存・繁殖にとってどのように利益になるのか。
③個体発生的要因：その行動は、その動物の一生の中で、どのような発達を辿って現れてくるのか。
④系統発生的要因：その行動は進化の過程で、祖先の動物からどのような経路を辿って、現在に至っているのか。

一九八〇年代の動物行動学のめざましい発展に貢献し、国際動物行動学会会長も務めたJ・R・クレブスは、「ホシムクドリが春先にさえずる」という行動を例にして、①〜④の「なぜ」を、簡潔に述べています。研究が進んでいる「なぜ」もありますし、まだこれからという「なぜ」もあります。

「なぜ、ホシムクドリは春先になるとさえずるのか？」

①**至近的要因**「直接の原因は何か？」
日長が伸びたため、それが刺激になって体内の特定のホルモンの量が変化し、さえずる行動を引き起こす神経系を活性化する。

②**究極的要因**「さえずることによって繁殖にどんな利益があるのか？」
さえずることによって配偶者（雌）をより強くひきつけることができる。

③**個体発生的要因**「どのような発達を辿ってさえずることができるようになったのか？」
親や周りの個体から、ホシムクドリに特有なさえずり方を覚える。

④**系統発生的要因**「進化の過程で、ホシムクドリの祖先種からどのような道筋を経て現在のさえずりになったのか？」

④については、ホシムクドリの祖先がどのような鳥であり、どのような鳴き方をしていたのかまだよくわかっていないので仮説的な推察もできない。しかし、ホシムクドリの鳴き方が突然生まれてきたわけではなく、古い祖先種の鳴き方を引き継ぎながら次の祖先種、さらに次の祖先種……と少しずつ変化して現在のホシムクドリの鳴き方になったことは確かだろう。

ティンバーゲンもクレブスも、このような「なぜ」を総合的に明らかにすることによって、動物の行動についての科学的理解が進む、と考えたのです。

もちろん、私も大賛成です。

ただ私は、そしてたぶん、自分の専門は動物行動学だと考えている人の多くも、これら四つの「なぜ」の中で、ある一つの「なぜ」を、他とは違った意義をもつ、特別な「なぜ」だと考えてます。それが、動物行動学を、他の「動物の行動を対象にする研究」と区別するからです。

その「なぜ」は、究極的要因としての「なぜ」なのです。

ヨーロッパヒキガエルの四つんばい姿勢

図１　ヨーロッパヒキガエルの威嚇の四つんばい姿勢

具体的に説明しましょう。

ヨーロッパヒキガエルは、攻撃の気分になっているヘビと出合ったとき、ヘビの正面に向けて四つんばいになって（相撲で力士が「見合って！」というときにとる姿勢）、体を揺らす行動を示すことが知られています（図１）。

ドイツの動物行動学者エワートたちは、かれらの捕食者であるヘビ（ヨーロッパヤマカカシ）に似せたさまざまなモデルをつくってヒキガエルに見せ、次のようなことを発見しました。

ヒキガエルは、ヨーロッパヤマカカシに精巧に似せたモデルを見せられただけでは、四つんばい姿勢を示さない。いっぽう、黒っぽいチューブで、横棒と、先端が鍵爪状に曲がった縦棒を合わせたモデル（図２）を見せるとヒキガエルは、がぜん、

図２　独特の形をした黒っぽいチューブ（左）に反応するヒキガエル（右）

四つんばい姿勢をとる。

その後、さらにモデルを洗練し、平面に描かれた、横棒とその上に黒点があるモデル（モデルというか模様：図3）だけにしても四つんばい姿勢が引き起こされることを発見したエワートは、一つ目の「なぜ」（至近的要因）の研究に移っていきます。

脳内の視覚に関係する神経細胞に電極を刺し、どのような神経がどのような視覚的刺激で反応するのかを調べていったのです。

その結果、網膜内には、黒い横棒だけに反応する視神経、黒い点だけに反応する視神経が存在し、それらが脳内の視蓋《しがい》という場所でまとめ上げられ、その状態によって、四つんばい姿勢や逃避行動、捕食行動、それぞれにつながる運動神経を活性化することがわかってきました。

さて、このような研究は、生理学や神経生物学と

[redacted]

[redacted]

図3　威嚇としての四つんばい姿勢を引き起こすモデル

いった他分野からも注目されつつ、新しい知見を生み出していきましたが、一方で、私は、それだけでは何か大切なものが置き去りにされているような気持ちがしていました。

それは、「ヒキガエルが図2や図3に反応して四つんばい姿勢を示すことの、ヒキガエルにとっての理由」、つまり、「ヒキガエルにとっての利益」（究極的要因）です。

繰り返しになりますが、動物行動学は、至近的要因に加え、進化的適応という視点からも、科学的に答えを追究する点で、それまでの生物学とは、また、憶測だけの動物話とは違っているはずだったからです。

ちなみに、ヨーロッパヒキガエル以外の、日本のヒキガエルでも、図2や図3に対して四つんばい姿勢を示すことを私は確認しました。

ヒキガエルが四つんばいになる進化適応的意味

まだ十分には調べられてはいませんが、ヒキガエルの反応は、次のような進化適応的意味があると考えられています。

横棒とその上の黒点は、ヘビがかま首をもたげて、狩りのモードになっている状態に対応しているのではないか。また、ヘビの正面での四つんばい姿勢（さらに、その姿勢で体を揺らす行動）は、ヘビに対し、自分の体を大きく見せたり、毒腺が密集する背中を提示して有毒物質を発散させることにより、ヘビに、捕食をためらわせる効果があるのではないか。

ヒキガエルとしては、自分に気づかずにいるヘビ（つまり、かま首を上げていないヘビ）に対して四つんばい姿勢をとることは、無駄な労力を費やすことになるし、あえて自分の存在をヘビに気づかせることになる。自然界においては、図2や図3といった視覚刺激をもたらすものは、まず、かま首をもたげたヘビだけだ。横棒の上の黒点はかま首をもたげたヘビの頭に対応する。だから、これらの視覚刺激に四つんばい姿勢をとるような神経系を備えていれば、生存や繁殖に有利になる。

妊娠女性の「つわり」の進化適応的意味

このような「進化適応的意味」の追究は、ヒトの行動や心理をより深く理解するうえでも大きな力を発揮することも徐々に示されるようになってきました。

たとえば次のような例です。

妊娠中の女性は、妊娠初期（妊娠後三か月前後）に、ある種のニオイの強いものに対して、そのニオイを嗅いだだけでも吐き気をもよおす「つわり」と呼ばれる症状を体験します。そして、その対象になる傾向があるのは、緑色野菜や菌類・細菌類の分解を利用してつくられるニオイの強い発酵物（チーズや発酵乳、日本なら納豆や〝くさや〟）などです。

この「つわり」の原因については、精神分析の祖であるフロイトは、「妊婦が夫を恨み、口から堕胎したいと無意識に望んでいる心理がつわりを引き起こす」と考えました。いっぽう、通常の現代医学は、「つわりは妊娠によるホルモンの変化にともなう生理的な副産物に過ぎない」と考えています。

しかし、進化的適応の見方を追究する研究は、つわりという生理的現象あるいは心理に、それまでにはなかった深い理解を与えました。

アメリカの若い女性研究者M・プロフェットは、つわりが、地球上の文化が異なるさまざまな民族、地域のすべての女性に見られ、それが現れる時期もほぼ同じであることを確認したうえで、日常生活に大きな影響を与える「つわり」には、何らかの適応的意味があるのではないかと考えました。

プロフェットは、つわりが妊婦や胎児に、どのように有利に作用するのかいろいろな仮説を考え、それを検証するさまざまな資料を調べていきました。そして彼女が最終的にたどり着いた結論というのは、「つわりは発達中の胎児にとって有害だったかもしれない物質に、胎児がさらされる機会を最小限にするために進化した生理的形質である」というものでした。

この仮説を考える前後でプロフェットが掘り起こした以下のような事実は、その仮説の正しさを強く支持し、つわりについての理解を大きく前進させるものでした。

①つわりの時期は、胎児の器官系がつくられつつあり毒素による害を最も受けやすい時期と一致し、いっぽう、その時期は胎児は成長するための栄養をあまり必要としない。

②つわりの時期の妊婦は、苦い食べ物、刺激物、香りの強い食べ物等を避ける傾向があるが、それらは実際毒性が強い可能性が高い。

③現生人類の進化の舞台となった本来の環境では、人類が食べていたものは、野生植物等の、実際毒性物質を含む食べ物であった。

④つわりはすべての民族に共通している。
⑤つわりが激しいほど、流産や先天的欠損をもった子どもを出産する可能性は低い。

進化的適応を問う究極的要因

プロフェットはこの研究で、アメリカのマッカーサー財団の優秀研究者賞を最年少で受賞することになりますが、その後、この研究をきっかけに、つわり以外の〝食物の有害物質から発育中の胎児を保護する機能〟がいくつも発見されました。

たとえば、妊娠すると、食物はいつもより腸内をゆっくり移動するようになる。つまり消化酵素による分解がしっかり行われる。

肝臓は、酵素の生産を増進する。腎臓に流れる血流が増加する。つまりアンモニア等の有機物を、いつもより完全に排出しようとする。

鼻はニオイに敏感になる。つまり有害物質を含む食物を避けやすくなる。

話を元に戻します。

私は、動物行動学というのは四つの「なぜ」を研究する生物学だというティンバーゲンの意見にまったく賛成ですが、そのうえで、二番目の「なぜ」(行動の進化的適応を問う究極的要因）が特に重要だ、と考えるのです。それを念頭においてこそはじめて、他の三つの「なぜ」の研究は、動物行動学になるのだと思うのです。

ですから、ラジオ番組の打ち合わせで、パーソナリティーの方から「最初、動物行動学というのはどんな学問ですかとお聞きしますから、簡単に話してください」と頼まれたとき、結局、次のように言いました。

「進化的適応という面から、動物の行動や心理、形態等を含めた生活全体を研究する学問です」

冒頭でそれだけ言っても、ちょっと難しかったかもしれません。パーソナリティーの方の表情が微妙でした。

でも読者のみなさんには、この説明の意味がわかっていただけたと思います。

学習の二つのタイプ

固い表現で恐縮ですが、「学習」という現象は、おおまかには次のように説明することができます。

「個体が、外部の情報を入力して、脳内の神経系（神経系をもたない生物は神経以外の情報処理系）に変化を受け、行動や思考などのパターンが、新たに形成されたり、変更されたりすること」

そして私は、学習を、おおまかに以下の二つのタイプに分けて考えるとその理解に役立つと考えています。この点は、後でも述べますが、両者は、論理的に突き詰めていくとはっきりと区別できなくなるものであることは確かです。あくまで、程度の違いくらいに考えてください。

・タイプ1：動物は、外界の、ある特定の情報を自発的、積極的に取り込んで、遺伝的に決まった行動の変化を起こす。あるいは、「外界の情報の中から、特定の情報が選択されて取り込まれ、脳内で、遺伝的に決められている変化を引き起こす」と表現することもできます。
・タイプ2：「ある状況（A）で、ある行動（B）を行えば、〝快〟感覚が得られる」ことが繰り返されると、動物は、Aの状況では、Bの行動を行いたいと感じるようになる。

これだけ言っても何のことかおわかりにならないと思いますので、少し例をあげて説明しましょう。

タイプ1の例としては、たとえば次のようなものです。

ヤギの雌は、自分が産んだ子どものニオイを、出産後約五分間のうちに記憶する。もし母ヤギと子ヤギが、たとえば一時間以上離されて、母ヤギが子ヤギのニオイを学習できないような場合、母ヤギは、その後、子ヤギと出合っても、授乳などの母としての行動をまったく行わない。

ヒトの場合では、たとえば次のようなものです。

生まれて間もない新生児は、生後数日の間に、母親の母乳のニオイを記憶し、その後は、そのニオイの母乳を、別の母乳より好むようになる。

タイプ2の例としては、たとえば次のようなものです。

二つの箱を用意し、一方の表面には縦縞模様を、他方の表面には横縞模様をつけておく。箱の下には、マウス（ハツカネズミ）が入れる程度の穴を開けておき、常に、縦縞模様の箱に、マウスが好きな餌を入れて、その場にマウスを放す。そんなことを繰り返すと、放されたマウスは、まず縦縞模様の箱に入るようになる。

ヒトの場合では、たとえば次のようなものです。

はじめて訪れた熱帯の森の中で、喉が渇いているとき、偶然、ある植物の葉を強く握ると水が滴《したた》ることがわかり、それ以後、喉が渇くと、その植物を見つけて、葉を絞って水を飲むようになる。

なぜ、学習を動物行動学から見ることが有効なのか

さて、以上のように理解した「学習」は、動物行動学の本質でもある「進化的適応」と、どう結びつくのでしょうか。

「進化的適応」というのは、「動物の体のつくりや、行動、感情、心理は、その動物の生存・繁殖がうまくいくように設計されている」、言い方を変えると、「そういった体のつくりや、行動、感情、心理を備えている動物が、世代を経ながら生き残ってきた」という内容です。そのような視点は、「個体が、外部の情報を入力して、脳内の神経系（神経系をもたない生物は神経以外の情報処理系）に変化を受け、行動や思考などのパターンが、新たに形成されたり、変更されたりする」という「学習」にもあてはまると動物行動学は考えます。「学習」の起こり方も、その動物の生存・繁殖がうまくいくように設計されている、ということです。

復習になりますが、先にお話した二つのタイプの学習について考えてみてください。

前者のタイプ1の例としてあげたヤギとヒトの学習は、母と子が、相手を間違えることなく絆を形成するうえで、つまり、生存・繁殖にとって、とても重要な出来事です。そして、「母と子のニオイによる絆の形成」には、出産直後に起こる、自動的で選択的な学習（という

戦略）が最も適していると考えられます。

後者のタイプ2の学習も、マウスやヒトそれぞれが生き抜くうえで、大切な形質だと考えられます。生後、さまざまな出来事に出合い、その中で、自分の生存に必要な食物を効率よく得る術を身につけるわけです。

さて、ここでちょっと〝快〟感覚について寄り道をします。

〝快〟感覚は、後者のタイプの学習を行わせるために脳に備わっている適応的な性質だと考えられます。つまり、〝快〟を感じさせた行動をその後も行うようになれば、生存・繁殖に有利になるのです。先に、後者の学習の具体例として述べたとおりです。

ただし、一つ注意しておくべきことがあります。それは、この〝快〟感覚が生存・繁殖に有利になるように働くのは、それぞれの動物の本来の生息地、本来の生活環境の中での話です。ヒトのように、本来の生活環境を自ら大きく変えてしまう動物では、〝大きく変えられた〟環境の中で、〝快〟感覚が生存・繁殖に有利にならないように（むしろ不利になるように）働く場合もあるのです。

ヒト本来の生活環境というのは、ホモサピエンスという動物が適応した進化的故郷とも言うべき環境です。おおまかに言えば、家族を単位とした集団をつくり、自然の中で狩猟採集生活を送るという環境です。

ホモサピエンスは、約二〇万年の歴史の九割以上を、そのような生活環境のもとで生きてきたのです。当然のことながら、そういった環境に適応しているはずです。

ところが、約一万年前の、農耕・牧畜の起こりとともに生活環境は大きく変わってきました。化石燃料の発見はその変化に拍車をかけ、人工的素材をつくり大きな建物や豊富な食物が生活の中に入ってきました。

その結果、たとえば、糖分に対してヒトが感じる〝快〟感覚は、現代のような環境では必ずしも生存・繁殖に有利ではない状況も生じてきました。

本来の「自然の中での狩猟採集」という生活環境下では糖分はとてもまれなものでしたから、その摂取が生み出す〝快〟感覚に従って糖分を貪欲に摂取するくらいが健康の維持にはちょうどよかったのです。しかし、糖分が容易に手に入る現代社会では、それは糖分の摂取過多になり、さまざまな疾患を引き起こすようになっているのです。

それは、「塩」の摂取過多についても言えることで、糖分の摂取過多と同様な事情が関係していると思われます。

現代のヒトにおける〝快〟感覚に基づく学習については、このような点も念頭においておくべきでしょう。

本論に戻ります。

「学習は、本来、個体の生存・繁殖に有利な形質である、という視点をたずさえることによってこそ、その本質的な理解が可能になる」と動物行動学は考えます。そして、その視点は、学習行動の理解に新たな光を当て、教育の方法にもこれまでにないアイデアを提案できる可能性があるのです。

本書のねらい

私は、次のようなねらいで本書を書きました。

「学習についての動物行動学からの知見を利用して、学校の授業等を中心とした教育場面で、より効果的で深い学習が起こるための方法のヒントを提案したい。たとえば、前述のタイプ1の性質を色濃く帯びた学習の特性を利用して、つまり、学習のされ方が適応的な方向に定まっているようなケースをうまく利用して、学校などの教育がスムーズに進む方法を提案する」、また「現代の学校教育の中心をしめる〝科学的な思考・理解〟を苦手とする、ヒト（ホモサピエンス）本来の脳の特性を指摘し、その特性が、〝科学的な思考・理解〟とスムーズに馴染むような方法を提案する」というねらいです。できるだけ、体系的な理論も提示し、個別の方法を、具体例もあげながら提案するようにつとめました。

対象は、特に、理科やそれに関係する分野に限ったものではありません。どんな分野の科目にも、同じように適用できる視点を提示したいと考えています。

また、以上のような「学習方法についての提案」以外にも、本書の中には次のようなねらいも込めています。

ヒトも含めた動物の学習について考察することにより、ヒト自身についての理解も深まるのではないか。たとえば、「ヒトの脳には、どんな進化的適応に根ざした特性が備わっているのか」「ヒトという動物に特有な『科学』や『宗教』とはいったい何なのか」……。

私自身の考察が多く含まれた内容ですが、「学習」や「進化的適応の産物として脳と現代の環境とのズレ」といったものを考えるとき、ヒトとはどんな動物なのかを考えざるを得ませんでした。

進化教育学のすすめ

本書の構成ですが、第I部では、「学習が、他の進化的適応産物である形態や行動、心理等と同様に、生存・繁殖に有利な組み立てに沿って起こる」事象であることを、動物やヒトの具体例を示しながらお話しします。そして、その視点から、どのような状況設定が、つまり授業のデザインが、効果的で深い学習につながるかについて、私の考えを提案します。

ちなみに、長い伝統のある既成の学問に、「進化的適応」という視点が導入されて、新たな展開が見られはじめた分野は、「進化○△学」と呼ばれることがあります。たとえば、従来の「心理学」に「進化的適応」という視点が導入されて歩みはじめた分野を「進化心理学」、同様に「進化医学」、「進化精神医学」……といった具合です。二〇一七年のノーベル経済学賞の受賞対象となった「行動経済学」も、その本質は進化経済学なのです。（この点についてはのちほど説明します。）

そういった意味からいえば、本書は「進化教育学」の試みと言ってよいと思います。実際、欧米では、Evolutionary Educational Psychology（進化教育心理学）という用語が生まれています。

第II部では、進化的適応の産物である「学習」あるいは、学習を生み出す器官としての「脳」の特性が、現代の学校教育の中心を占める〝科学的知識〟と、ところどころでミスマッチを起こしている状況について解説します。〝科学的知識〟の本質や現代の学校教育と〝科学的知識〟との関係についても、そこでお話しします。そして、ミスマッチを調整して、両者をうまくつなげるための方策について、私の考えを述べたいと思います。

本書は、けっして、これまで莫大な研究が行われてきた、そして現在も行われている「学習」あるいは「教育」の研究成果を広く眺望したうえで、学習の特性の概略を示すために書いたものではありません。紹介する内容の引用源を明示した学術的様式で書いた専門書でもありません。

繰り返しになりますが、動物行動学に基づく私の考察や仮説を中心に、「学習」に興味をもっておられる一般の人たちを念頭に、「より効果的で深い学習が起こるための方法のヒントを提示したい」、あるいは、「現代社会における学習がもつ問題を通して読み取れる動物としてのヒトの一面を考察したい」という思いで書いたものです。

また、現在めざましい発展を遂げているデジタル技術を利用したさまざまな学習展開についても、本書で述べる動物行動学からの指針が参考になるのではないかと思っています。「日本での進化教育学の芽生え」を意識して書いた本書が、読者の方の中に、「学習」や「ヒト」に関して、何がしかの新しい見方や知見を感じていただくきっかけになればたいへんうれしく思います。

第I部　動物の学習、ヒトの学習

第Ⅰ部では、「動物の学習が、その動物の生存・繁殖の成功に結びつくようにつくられている一つの形質である」ということを、具体例をあげて述べていきます。また、そのような学習の特性を考慮した場合、ヒトにおいて、どのような条件設定を行えば、効果的で深い学習が可能になるか、について私の考えをお話ししたいと思います。

1　ヒト以外の動物は、どう学習するか

〈1〉ラットの〝味覚嫌悪〟学習

まずは、ヒトの学習を考えるうえでも重要な、ヒト以外の動物に見られる学習の例をいくつかあげます。それぞれ外見は異なっていますが、根本的な原理は同じです。それは、後で

お話しする「ヒトの学習」につながっていく原理です。

心理学者ジョン・ガルシアは、一連の実験のなかで、人工甘味料（自然界には存在しない、つまり、野外の動物は味わったことがない甘味素材）であるサッカリンを溶かした水をラット（実験用のドブネズミ）に与え、数時間後に、放射線を照射しました。ラットは放射線によって吐き気をもよおしました。

吐き気は、サッカリン溶液を飲んで数時間後に感じさせたのですが、その経験ののち、ラットは、サッカリンの飲食を避けるようになりました。

ラットのサッカリン忌避反応は、「溶液の摂食→放射線照射」の試行を、わずか数回、個体によっては、たった一回行っただけで成立してしまいました。

いっぽう、この現象の性質をより深く探るために、「ラットがサッカリン溶液を飲むときに、閃光と音の刺激を与え、その後、電気ショックを与える（その試行を繰り返す）」という実験も行われました。その結果、ラットは、サッカリンを避けるようにはなりませんでした。しかし、閃光と音で刺激されると、電気ショックへの対抗反応と考えられている全身を緊張させる反応は示すようになりました。つまり、閃光や音の刺激と、電気ショックの間での学習は、試行の繰り返しによって成立したのです。

また、「サッカリン溶液を飲ませた後、電気ショックを与える試行を繰り返す」実験も行

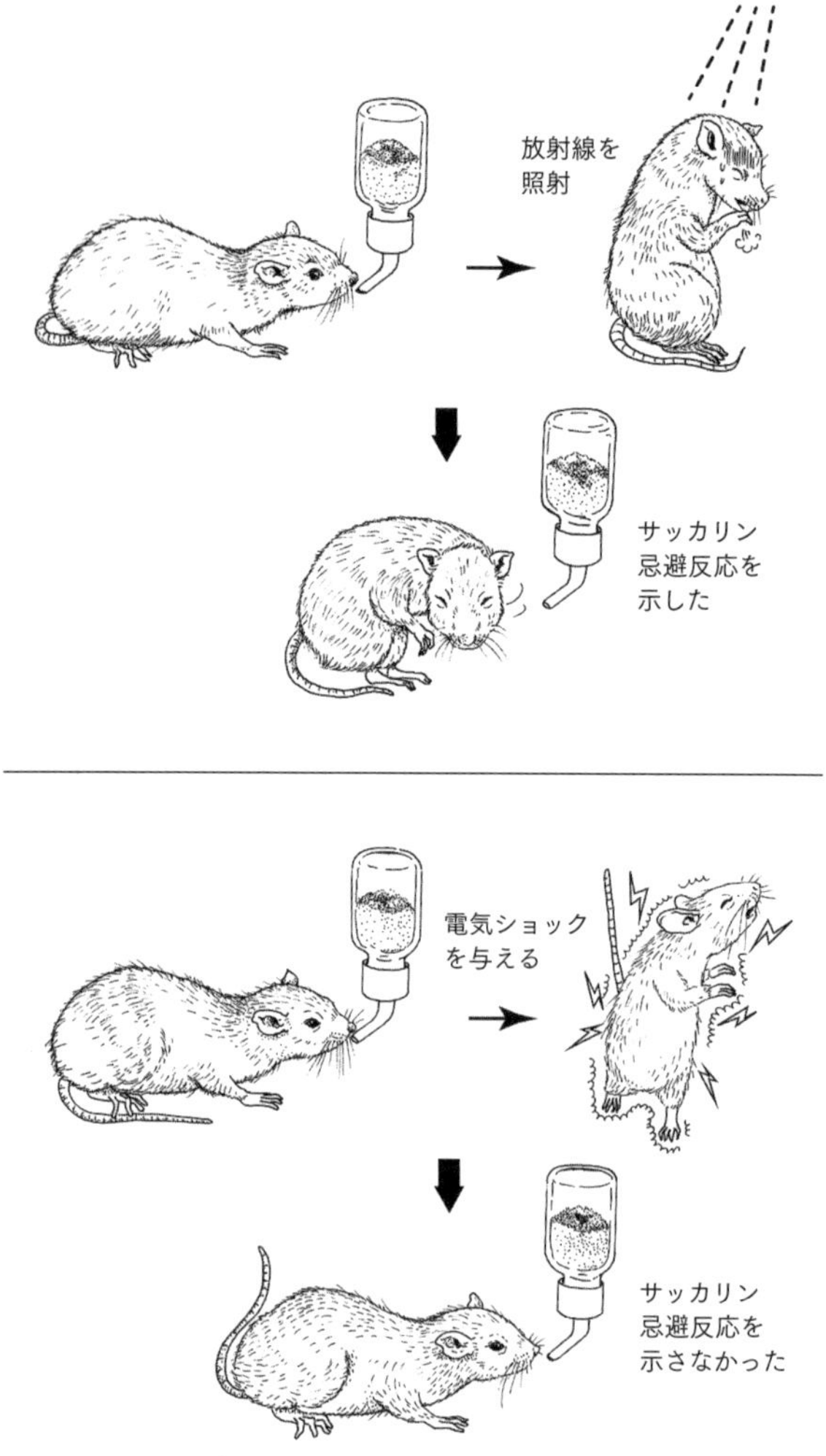

図４　ラットの味覚嫌悪学習

われましたが、その実験でも、ラットはなかなかサッカリンを避けるようにはならず、かなりの回数の試行を繰り返して、やっと、サッカリン忌避反応は成立しました。

これらの実験が意味していることは、「ラットの脳には、〝ある味を感じたあと吐き気を体験すると、その味に対する忌避反応が素早く強力に学習される〟特別な性質が備わっている」ということです。つまり、このような学習と、「閃光や音↓電気ショック」や「ある味↓電気ショック」の場合のように、何度も繰り返さなければ成立しない学習との間には、何らかの違いが存在しているのです。

その違いは何なのか。読者の方も考えてみてください。生物学的な答えは後で述べます。

ちなみに、イワン・ペトロヴィッチ・パブロフの有名な実験に〝パブロフのイヌ〟と呼ばれるものがあります。

「イヌにメトロノームの音を聞かせ、その直後肉汁を口に入れる↓イヌはそれを唾液を出しながら食べる、という経験を繰り返すと、イヌはメトロノームの音を聞いただけで唾液を出すようになる」

という現象であり、これは、一般には「条件反射」と呼ばれています。この条件反射も、学習の一形態ではありますが、この学習の成立には、何回もの試行の繰り返しが必要です。

ラットの学習の場合で言えば、「閃光や音→電気ショック」「ある味→電気ショック」の場合に起こる学習とみなすことができます。

その後、ラットの〝味覚嫌悪〟学習はさらに研究が続けられ、条件反射型の学習では、「閃光や音→電気ショック」などのような、刺激の提示（条件付け）がやめられると、比較的早く消去されるのですが、「ある味→吐き気」によって成立した忌避反応は、一度形成されると、なかなか消去されないこともわかりました。

重要な学習とそれ以外の学習

さて、「ある味→吐き気」で成立する学習と、「閃光や音→電気ショック」や「ある味→電気ショック」の場合のように、何度も繰り返さなければ成立しない学習との間に存在する違いは何か。

それに対して、動物行動学、あるいは、進化理論を取り込んだ心理学（進化心理学）は次のように考えています。

ラットは、ドブネズミ（*Rattus norvegicus*）を、ペット化とか家畜化と同じような意味で「実験動物化」したものですが、基本的には野生種であるドブネズミの形質の大部分をそのまま保持しています。攻撃性が低く、動きの緩慢な性質の個体が、実験に向いた個体として選択されているのです。

そのドブネズミは、本来、雑食で、いろいろな環境で食物の種類を広げて、生き抜いていく動物であり、かれらにとっては、新しく出合ったものが食べられるものかどうかを試食して確認するという行動は、生きていくうえで欠かせない習性だと推察されます。

生活の多くの場面で、新しいニオイや姿のものを食べてみるという場面は多かったと思われます。もし、そうやって食べたものが「吐き気」を引き起こしたとすると、その味に対してすぐに学習が成立することは、ドブネズミの生存・繁殖にとって大切な性質だったに違いありません。ドブネズミの本来の生活のなかでは、「何かを食べた後、吐き気をもよおした」場合、「そのとき食べたものが原因で吐き気が引き起こされた、つまり、その食べ物が毒性をもっていた」と考えることは最も真理に近い判断だと言えるでしょう。少なくとも、何かを食べた後、特別な放射線を浴びることなど、ドブネズミの本来の生活のなかではあり得ないのですから。

繰り返しになりますが、「ある味↓吐き気」は、かれらの本来の生活のなかで何度も起こりうる場面であり、「ある味↓吐き気」体験によって、「それを引き起こしたものを忌避するようになる」ということは、ドブネズミの生存・繁殖上、とても重要な性質だったわけです。

いっぽう、「閃光や音→電気ショック」や「ある味→電気ショック」のほうはどうでしょうか。

そういった場面は、ドブネズミ本来の生活のなかでは、ほとんどあり得ないものです。進化理論の視点からは、「あり得ない状況への対応として、脳内に、それらのつながりを、特に素早く学習する性質が備えられる」ということは起こらないのです。

「準備された学習」とは「専用の神経回路をもつ学習」のこと

「条件反射型の学習では、刺激の提示がやめられると、学習は、比較的早く消去されるのに、「ある味→吐き気」によって成立した忌避反応は、一度形成されると、なかなか消去されない」という傾向も、「生存・繁殖上の有利さ」という意味からはよく理解できます。

「新しいものを食べてみる」ことは、ドブネズミ本来の生活においては頻繁に行われる行動です。その際、一度、ある食べ物を食べて吐き気を体験したら、たとえその後、一度や二度、その食べ物が吐き気を引き起こさなかったとしても、条件次第ではまた毒性をあらわす可能性が十分あります。その食べ物が吐き気を引き起こさないことが、何度も何度も続いてやっと警戒をとくぐらいの「消去のされにくさ」のほうが、すぐに忘れて食べてしまうより生存・繁殖には有利に作用すると思われるのです。

以上のように、「素早く成立しなかなか消去されにくい」ような、その動物本来の生活のなかで、生存・繁殖上、有利になるような学習については、脳内に、その学習に専用の神経回路が備わっていると考えられ、心理学では「準備された学習」と呼ばれています。

後に詳しくお話ししますが、「準備された学習」、あるいは「専用の神経回路をもつ学習」は、人間でも多く知られています。ラットの〝味覚嫌悪〟学習も、人間の、特に子どもで、似たような現象が起こりうることが知られています。子どものころの嫌な体験で、ある食べ物が大の苦手になったという人は少なくないでしょう。

「準備された学習」「専用の神経回路をもつ学習」と呼ぶほどには、はっきりとした性質はもっていなくても、「生存・繁殖上、有利になるような事柄は学習しやすい」という傾向は存在し、その知見を、学校の授業などでうまく利用すれば、少ない労力ですんなり理解し記憶できるのです。

〈2〉サルの恐怖感の学習——ヘビに対する恐怖感

霊長類（ヒトやチンパンジー、ニホンザル、マーモセットなどの、いわゆるサルの仲間）の天敵には、ヒョウやトラなどの食肉類、ワシやタカなどの猛禽類、そしてヘビがあげられます。それらの天敵の中で、最も長い年月にわたって一貫して霊長類の天敵として存在し続けたのはヘビではないかと考えられています。

大きなヘビはサルを丸呑みしますし、なんと言っても毒ヘビは、霊長類にとって大きな脅威になってきたことは間違いないでしょう。

自然界で、ヘビを見つけたサルが、群れ全体が騒然となるほどの激しい警戒行動を示したという報告はたくさんあります。たとえば、チンパンジーやベンガルザル、カニクイザル、ニホンザル、サバンナモンキーなどが地上や樹上にいるヘビを見つけたときの反応です。

ではこれらのサルが生まれつきヘビを警戒するのか、というと、そうではないこともわかっています。たとえば、人工の施設で生まれ育ち、それまで、ヘビと出合ったことがないカニクイザルは、ヘビを見ても怖がることはありません。

ところが、他のカニクイザルがヘビを怖がって警戒しているのを見ると、すぐに自分もヘビを怖がるようになることがわかりました。ヘビに対する他個体の反応を見るだけで素早く

「ヘビ＝危険動物」という学習がなされるのです。それは、室内での映像実験でも再現できます。まだヘビに出合ったことがない、したがって、室内で、ヘビを見ても怖がらないカニクイザルに、「ヘビを怖がっているカニクイザル」の映像を見せると、それからは、ヘビを見ると怖がるようになるのです。学習が起こるのです。

花を怖がるサルはいない

ところが、ここからがまた重要です。ちょっと合成をして「花を怖がっているカニクイザル」の映像をつくり、まだ花に出合ったことがないカニクイザルに、それを見せても、映像を見たカニクイザルが花を怖がるようにはならないことがわかりました。「花」を別なものに変えても結果は同じでした。ヘビ以外のものを怖がるカニクイザルの映像には、他のカニクイザルに学習を起こす効果はなかったのです。

つまり、カニクイザルの脳内には、潜在的に、ヘビに反応する神経回路が存在し、他のカニクイザルがヘビを怖がっている状態を見ると、そのヘビの像と結びついて活性化すると考えられます。そして、ヘビを怖がるようになったニホンザルの脳内で、ヘビの像にだけ強く反応する神経細胞が見つかりました。

このような事例も、〝何を学習しやすいかはあらかじめ決まっている〟という意味で、「準備された学習」と呼ぶことができるでしょう。

サルで見られるこのような「準備された学習」が、自然界の中で適応的であることは言うまでもありません。

自然界で、ヘビを発見して怖がっている仲間を見たとき、その仲間の前方には、ヘビ以外にも、植物も含めていろいろなものがあるはずです。それらのものの中から、特異的にヘビを識別して、それを怖がるようになることを可能にしているのです。ヘビのすぐ横にあった木の実を怖がるようになったとしたら、その後の生存にとって損害をもたらすでしょう。

ちなみに、なぜサルの脳は生まれつき、ヘビに恐怖を感じるようになっていないのでしょうか。学習するまでもなく、生まれた時点で自動的にスイッチ・オンになればいいわけです。その理由ははっきりとはわかりませんが、次のような可能性が考えられます。

同種のサルであっても、生息する地域が異なれば、そこに生息しているヘビの種類も、あるいは、そもそもヘビが存在するかどうかについても状況は違うかもしれません。

ヘビが生息しない地域に棲むサルで、生まれつき、対ヘビ警戒回路が活性化しているのは、エネルギーの無駄使いになるかもしれません。ヘビが生息している地域であっても、無毒で、あまり大きくないヘビには、それほど激しい恐怖感を感じる必要はないですし、逆に、強烈

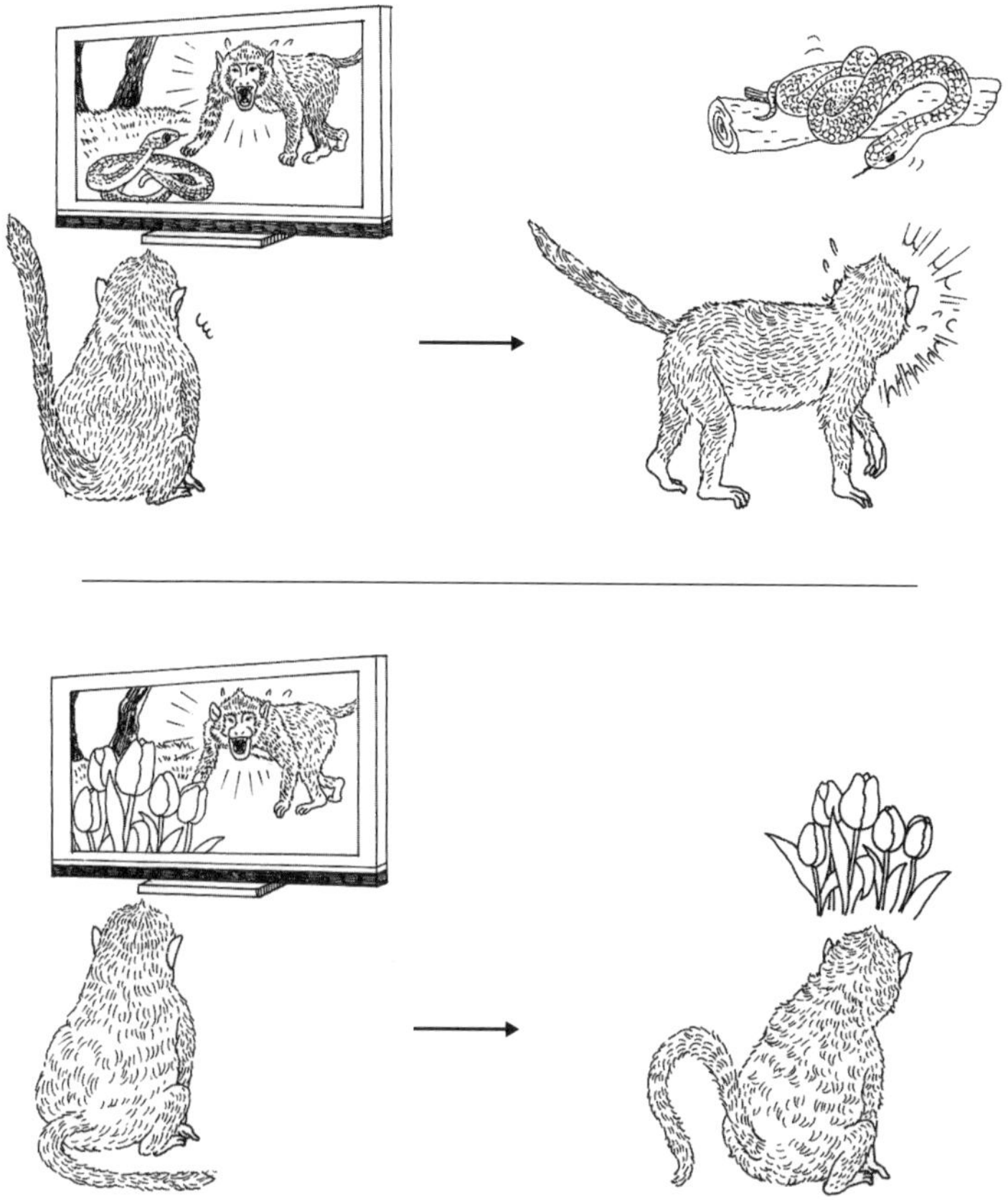

図５　サルの恐怖感の学習

な毒をもっているヘビには、大きな恐怖感を感じたほうが適応的です。

仲間が怖がるのを見ているサルは、そのヘビの体の特徴（色や形など）や、仲間が怖がる程度なども、情報として脳内にインプットしているのかもしれません。

〈3〉ハクチョウの学習――つがいの特徴

ハクチョウの一種コハクチョウは、シベリアの北部で繁殖し、冬になると、冬越しのために南のヨーロッパや中国、韓国、日本などに渡ってきます。コハクチョウの顔は、くちばしを中心に、異なった模様（図6）をもっており、血縁関係がある個体同士は、同じような模様の顔になる傾向があります。つまり、コハクチョウの顔の模様は遺伝子の影響を強く受けるらしいのです。

さて、コハクチョウの繁殖行動を調べた研究者たちは、次のような明白な傾向に気がつきました。

「つがいをつくる個体同士は、顔の模様が顕著に異なっている」

つまり、コハクチョウは、雄も雌も、自分の顔の模様とは異なった異性とつがいになろうとする傾向があるということです。

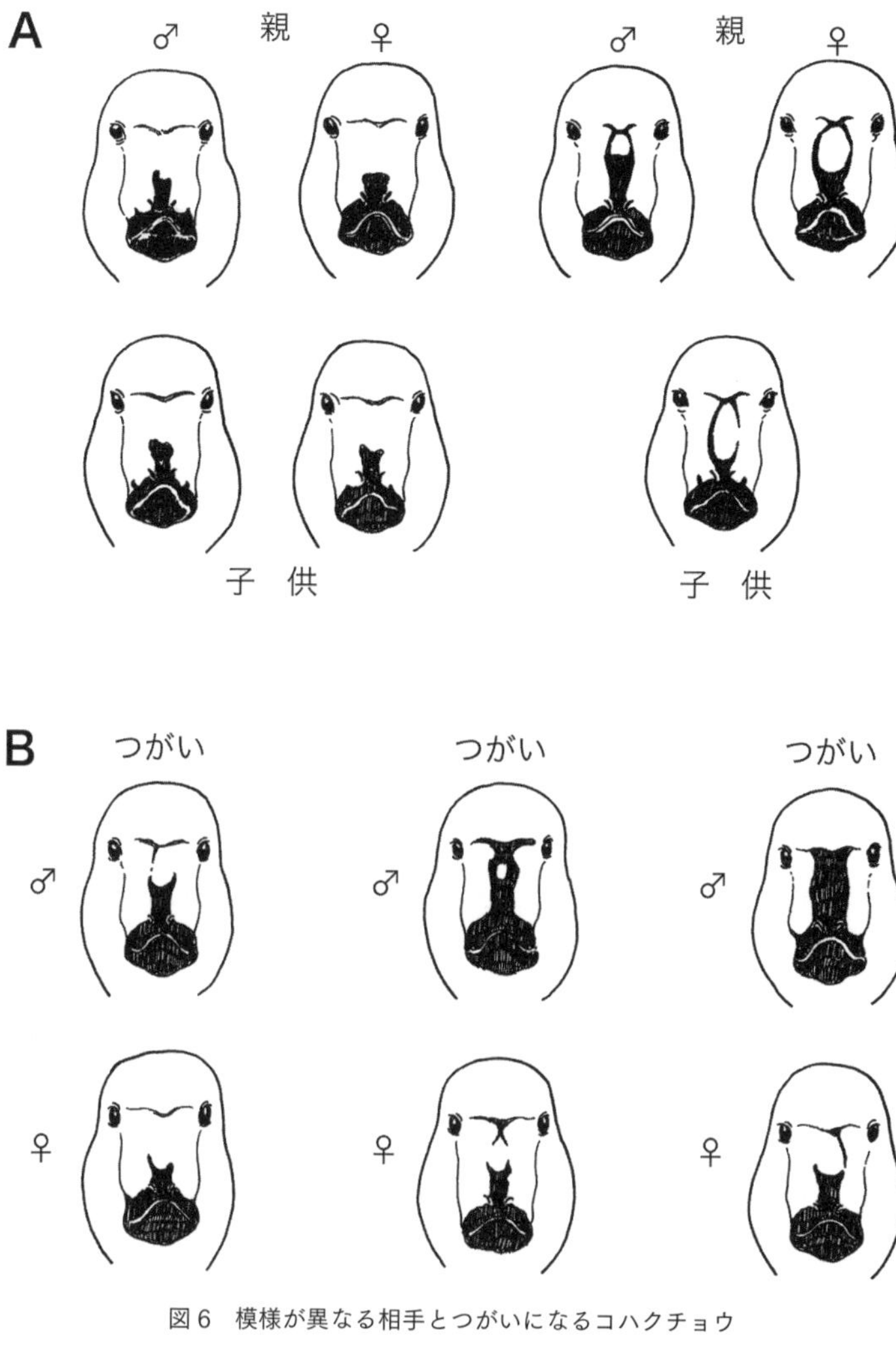

図6　模様が異なる相手とつがいになるコハクチョウ

ではなぜ、自分の顔も見えないのに、「自分の顔の模様とは異なった異性とつがいになろうとする」ことができるのでしょうか。実は、そこに、「準備された学習」が関与しているのです。

コハクチョウは、幼いころは親鳥のもとで過ごします。さまざまな研究の結果、親鳥の顔の模様をしっかりと覚えることがわかってきました。そして、そのとき覚えた顔の模様とは異なった顔の模様の異性を選べば、雄も雌も、「自分の顔の模様とは異なった異性とつがいになろうとする」ことができる、というわけです。

「幼いころ、親鳥の顔の模様をしっかりと覚える」という、コハクチョウの幼鳥に共通した特性こそが、準備された学習なのです。幼鳥たちは、本能的に、「覚える内容」を方向づけられているのです。

近親交配を避ける

ちなみに、「自分の顔の模様とは異なった異性とつがいになろうとする」ことは、かれらの生存・繁殖に有利に働きます。それは、この学習特性によって、かれらが近親交配を避けられることになるからです。

近親交配というのは、親子や兄弟姉妹といった、血縁度が高い者同士の間で交雑が起こる場合を言います。そういう個体同士は遺伝子の受け渡しを通して、同じ遺伝子をもっている可能性が高くなります。近親交配が起こると、病気などの、個体にとって不利な遺伝子が揃ってしまい、実際に病気が発現してしまう可能性も高くなるのです。

ヒトの場合を例にして少し具体的に言いましょう。われわれは誰でも、ある形質について、母親からの遺伝子と父親からの遺伝子をそれぞれ一つずつ受け取っています。たとえば、血液型を決める遺伝子として、母親からO型の遺伝子を、父親からB型の遺伝子を受け取り、OとBの遺伝子をもっているという具合です。

いま、遺伝的な病気（たとえば血友病）を発症させる遺伝子をr、発症させない遺伝子をRとします。rとRをもっていれば発症しない（Rのほうが優勢）し、もちろんRとRの場合は発症しません。けれど、rとrをもってしまったときは発症します。

読者のみなさんはもうおわかりだと思いますが、近親交配が起こると、両親から、同じ遺伝子が子どもへと受け渡される可能性が高くなり、そうなると、遺伝的に同一のもの同士、たとえばrとRをもった個体（この個体は遺伝病ではありません）と、rとRをもった個体との間で子どもができますから、子どもの中に、r（父由来）とr（母由来）をもった子どもが出てくる可能性があるのです。これは、〝父〟にとっても〝母〟にとっても、生存や繁殖にと

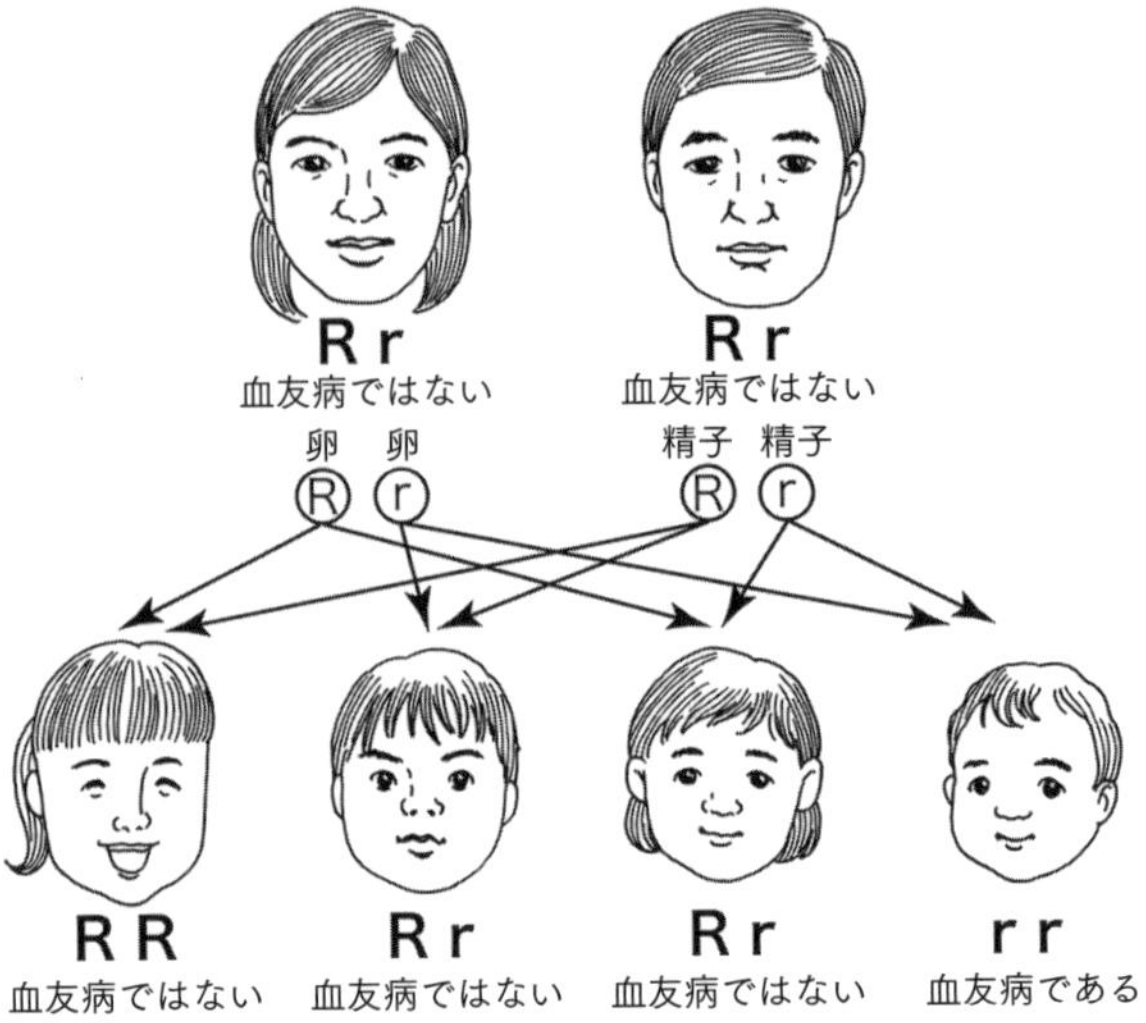

図7　遺伝的な病気が発症するしくみ

ってまずい結果ということになります。

これはもちろん、ヒトの場合だけでなく、有性生殖をするすべての生物に言えることです。したがって、コハクチョウが、「自分の顔の模様とは異なった異性とつがいになろうとする」ことは近親交配を避けることになり、かれらの生存・繁殖に有利に働くことになるわけです。

ちょっとだけ付け加えておくと、ヒトを含めた動物や植物も、近親交配を避ける、それぞれのやり方をもっています。ヒトでは、本能的な感情や、それに根ざした法律によって、近親交配は極力避ける傾向にあります。

女性は、ニオイだけに関して言えば、

自分とは異なった遺伝子をもつ男性のニオイのほうに惹かれることが実験的に示されてもいます。

〈4〉カラスが貝を落とす高さ

カナダの西海岸では、ヒメコバシガラスが、ホバリング（飛びながら定位置にとどまっている状態）しながら、バイ貝を空中から岩の上に落として割り、中身を食べる行動が見られます。

動物行動学者のザッハは、カラスたちが貝を落とす高さがいつも決まって約五メートルであることに気づきました。

カラスの中には、最初は五メートルよりも高いところから、あるいは、五メートルよりも低いところから貝を落とす個体もいましたが、何回も落としている間に、五メートルくらいの高さから落とすようになることも見出しました。五メートルほどの高さから貝を落とすと、貝は一回で割れることはまれで、たいていは二回や三回で割れていました。一回落とすごとに貝にひびが入り二回や三回で完全に割れるのでしょう。

さて、では、その海岸で、カラスたちはなぜ、約五メートルの高さから貝を落とすのでしょうか。

ザッハは、「動物は、自分の生存・繁殖に、より有利になるように行動する、あるいは学習によって行動するようになるはずだ」という進化の基本原理に基づいて次のような推察をしました。

動物の生存・繁殖にとって、エネルギー源としての餌を得ることは、当然のことながら最も重要な活動の一つです。いっぽう、餌を得るためには、動物は、エネルギーを使って、走ったり飛んだりして移動しなければなりません。したがって、動物が餌をとって得られる正味のエネルギー量は、「獲得した餌の量から、それを得るために使ったエネルギー量を差し引いた量」ということになります。

ヒメコバシガラスの場合は、貝を落とすところまで、重力に逆らって移動する必要があるわけですから（降りるときの労力はほぼ無視できます）、「得られる正味のエネルギー」は、獲得した餌（貝の身）の量から飛び上がった高さの合計（に使ったエネルギー）を差し引いた値になります。

具体的に説明しましょう。五メートルよりはるかに高いところまで、たとえば二〇メートル飛び上がって貝を落とせば、一回で貝は割れ、中身を得ることができるでしょうが、飛び上がるために使うエネルギーが大きくなりすぎ、「得られる正味のエネルギー」は小さくな

図8　カラスが貝を落とす高さ

るでしょう。

では、五メートルよりも低く、たとえば二メートル飛び上がって貝を落としたとしたらどうでしょう。一回の飛翔で使うエネルギーは少なくてすみますが、今度は何回も落とさなければ貝は割れないでしょうから、飛び上がる距離の合計は多くなるはずです。貝を割るために、一〇回落とさなければならなかったとしたら、飛び上がる距離の合計は、二メートル×一〇＝二〇メートルになってしまいます。

このように考えてくると、最小の〝飛び上がる距離の合計〟で、貝を割ることができる高さがきっとあるはずで、その高さが約五メートルなのかもしれません。その高さから落とすことが、「自分の生存・繁殖に、より有利になるような行動」ということになるわけです。

続いてザッハは自分の推察を検証するために、自分で、カラスが貝を落としている場所で、さまざまな高さから何度も貝を落としてみました。「落とす高さ」と「貝が割れるまで必要な（落とす）回数」との関係を調べたのです。そして、その結果からわかった、最小の〝飛び上がる距離の合計〟ですむ高さは、なんと、五・二メートルだったのです。

つまりカラスは、最も効率よくエネルギーが得られる高さからの〝貝落とし〟を実践していたわけです。

効率のよさを求める試行錯誤

さて、このカラスの行動の中で、どこが〝準備された学習〟なのでしょうか。

読者のみなさんもおわかりになると思いますが、それは、カラスが「誰に教えられることもなく、試行錯誤によって、『貝を割るために最も効率がよい高さ』を見出していった」ということです。

ザッハが調査した場所では、五・二メートルが、「最も効率がよい高さ」だったのですが、場所が違えば、地面の状態などで、その高さは変わってくるでしょう。その場合は、またカラスは、その場所での「最も効率がよい高さ」を見出していくでしょう。各々のカラスは、「効率のよい結果をもたらす行動を求めて試行錯誤する」という点で、「何を学習するのか」を生得的に知っているわけです。それが「準備された学習」なのです。

「ヒメコバシガラスによるバイ貝を落とす高さの学習」においては、おそらく、飛び上がることによって蓄積していく筋肉の疲れなどを目安にして、効率のよい高さを検出していくような情報処理回路を、生得的に備えているのでしょう。

以上、ヒト以外の動物の学習について〈1〉〜〈4〉の四つの例をあげました。

「ラットの〝ある味→吐き気〟体験による、ある味に対する強い嫌悪」から「カラスの、エネルギー獲得のために最も効率的な高さの試行錯誤的追求」まで、それぞれ、外見的にはかなり異なっています。そして、それぞれの学習の中には、大なり小なり、タイプ1とタイプ2の両方の学習要素が含まれています。

では、これらの学習の例に共通していることはどんなことでしょうか。それは以下の二点です。

①学習は、基本的に、その動物の生存・繁殖に有利になるような変化をもたらしている。
②学習は、その動物が、生まれた後でないとわからないような事物・事象に関して起こって

いる。
②については少し説明します。
ラットの場合、〝吐き気をもよおす味〟も、カニクイザルの〝他のサルが怖がっているヘビの姿〟も、コハクチョウの場合の〝親の顔の模様〟も、そして、ヒメコバシガラスの場合の〝最もよいエネルギー効率で貝が割れる高さ〟も、各々の個体が生まれる前からわかっているわけではありません。「どんな味のものに出合うのか？」、「自分が生きる場所にヘビが生息しているのかどうか？　そして生息していたとすると、どんな姿のヘビか？」、「親はどんな模様の顔をしているのか？」、そして「どんな貝を、どんな場所で割ることになるのか？」は、生まれた後でなければわからないのです。

したがって、〈1〉～〈4〉に関する行動について、生まれる前から、何に、どのように反応するかが決まっていては、生存・繁殖に有利にはならないのです。決まっていた内容が、生まれた後の実際の環境とずれていたら、むしろ生存・繁殖に不利になってしまいます。

しかしいっぽうで、どんな種類の事物・事象に対して、どんな種類の学習をするかについての基本的な方向は決まっている必要はあります。たとえば、「親の（水かきの形ではなく）顔の模様に対して注目し、その模様をしっかりと覚えそれによく似た模様の顔をした異性には性的魅力を感じない」といった具合です。

もし、〝どんな種類の事物・事象に対して、どんな種類の学習をするかについての基本的な方向〟が決まっていなくて、無秩序な学習がやみくもに起こってしまったとしたら、それこそ、その個体の生存・繁殖にけっして有利にはならないでしょう。

地球に生息する、同一の「種」とみなされる個体は、その種ごとにおおまかな生活環境が決まっています。

たとえば、日本のキクガシラコウモリの場合なら「日中は洞窟の天井にぶら下がって過ごし、夜になると、超音波を発して森の中を飛翔し餌を捕獲する」という生活環境です。

そういった簡単には変わることのない基本的な環境には、体のつくりや行動・習性（それを生み出す神経系などの構造）によって、生まれる前から適応しておき、地域によって変化する餌の種類や習性、餌が多くいる場所といった環境要素については、生まれた後で学習するというやり方が、優れた戦略であることは容易に想像できます。

ただし、繰り返しになりますが、〝餌の種類や習性、餌が多くいる場所〟といった、何を学習するかについては生まれた時点ですでに決まっていなければ、生存・繁殖の助けになることはないでしょう。

このように考えてくると、冒頭で述べたタイプ1の学習もタイプ2の学習も本質的には、「準備された学習」という同一の概念でまとめることができます。そう、すべての学習は、

「何を学習するか」に関して大なり小なり決まっている、生存・繁殖を有利にする学習なのです。

そして、この原理は、われわれホモサピエンスという動物でも同じだと考えられます。

以下では、このような原理を基盤にして、ヒトの学習について考えていきましょう。

2　ヒトはどう学習するか

前節までに、ヒト以外の動物の学習の特性について指摘してきたことをまとめれば、次のようになります。

「学習は、動物が、自分の生存・繁殖を有利にするためのさまざまな認知特性、あるいは形質の一つである。したがって、どのような情報を取り込んでどのような学習をするか、という傾向や方向性は、動物のそれぞれの種で決まっている」

このような「学習は、自分の生存・繁殖が有利になるように起こる」という羅針盤に基づいていけば、ヒトの身近な学習についても、さまざまな予測が可能になると思います。いくつか例をあげてみましょう。

命に関わると関心が高まる

「ある情報を他人に伝えるとき、その情報が『人間の命』に関連していると感じさせながら伝えたほうが、その情報は、相手に学習されやすい」

「人間の命」についての情報は、直接、自分の命に関わるものでなければ、「自分の生存・繁殖」には直結しません。でも、たとえば、他人の命が脅かされる出来事というのは、それによって自分も命を落とす可能性があるわけですから、情報を得ようとする欲求が高まると推察されます。おそらくそのためでしょう。われわれは、自分が当事者ではなくても、火事が起こっている場所や、自動車の大事故が起こった場所に強い関心を示します。

ホモサピエンスの歴史の九割以上を占める狩猟採集生活においても、人間の命に関わる出来事は、自分の命にも関わることだったのです。

「人間の命に関わる出来事に強い関心を示す」という、われわれの脳の特性を利用した授業として私が真っ先に思い出すのは、世界的に有名なマサチューセッツ工科大学（ＭＩＴ）の名誉教授、ウォルター・ルーウィンが行った「重力とエネルギー保存の法則」についての

図９　命の危険を感じさせて学習効果を高める授業の一例

授業です。日本でも、ＮＨＫの番組「ＭＩＴ白熱教室」シリーズの第一回目で放映されました。

教壇の中央の天井に、大きな鉄球をつけた長いワイヤーの振り子を吊るし、教授は教壇の端に立って頭を壁につけ、両手で鉄球を顎《あご》の下に当てます。次に、その鉄球を放すと、鉄が向こう側まで振れて止まり、向きを変えて教授のほうへ向かって戻ってきます。

さて、「重力とエネルギー保存の法則」が正しければ、鉄球は、教授の顎のすぐ下で止まってくれるはずだが、そうでなければ教授の顔は、骨が砕け血だらけになる。はたして結果はどうなるか……、という実

進化的適応性	具体例
自分の生存（命）に関わること	・病気（原因や治療法など） ・突然のできごと（アクシデント）
自分の繁殖に関わること	・異性のこと ・自分の血縁個体のこと
ホモサピエンスの本来の生活環境（100人以下の集団の中で狩猟採集を営む環境への対応）	・動植物の習性、生態 ・他人の心、感情（噂なども） ・プライベートな情報

表１　効果的な学習の場面設定

演です。まさしく命がけの実演です。

結果は、もちろん大きな鉄球は少しずつ速度を減じ、教授の顎スレスレのところまで近づき止まります。

それを見ていた学生たちからは拍手が起こります。

教授はその授業について、「この数十年に私が手がけてきた中で最も人気を博している授業の一つは、命の危険を冒して、建物解体用鉄球が通る軌道上にわたしの頭を置く実験だ」と述べています（『これが物理学だ！――マサチューセッツ工科大学「感動」講義』東江一紀訳、文藝春秋）。

さて、このような視点から、学習内容の提示の仕方を工夫すると、たとえば、表1にあげたような〝場面設定〟が、学習を効果的にするのではないかと私は考えています。伝えたい内容を、表1のような〝場面設定〟の中に織り込んで提示するのです。

以下、〝場面設定〟のいくつかについて、私自身の経験も踏まえながら、解説したいと思います。

脳は「病気」に注目する

私は、一〇年ほど前から、大学の一、二年生を対象にした授業「生物学入門」で、場面設定の一つとして、「病気」を取り上げ、その中に生物に関する基本的な知識（遺伝子、細胞、ウイルス、組織、器官、脳、免疫、進化など）を組み込んだ展開を行っています。「病気」という場面設定の中身は、具体的には、「ガンという病気の原因や治療法」「老化とは何か」「脳死からの臓器移植」「生殖医療や再生医療」といったものです。これらの内容は、言うまでもなく「自分自身の生存・繁殖」に深く関わる事項です。

また、これについては後で再度詳しくお話ししますが、公表されている事実に基づいて、「具体的な人物、その家族の状況や心の動き」といった、これまた「自分自身の生存・繁殖」に関わる情報を、なるべく交えながら話を進めます。支障がない場合には、しばしば、顔の写真も資料に載せます。

このような情報が、われわれヒトの脳に「注目！」の反応を引き起こすと考えるからです。以下、二つの文章をあげますから比べてみてください。

①生物と非生物の両方の性質をもつ、一般的にウイルスと呼ばれるグループは、タンパク質の殻の中に遺伝物質（DNAかRNA）が内蔵された構造をもつ。生物の細胞の表面に付着すると、細胞の外側に殻を残して、遺伝物質だけが細胞の中に入り、細胞の中で遺伝物質の情報をもとに、殻や遺伝物質のコピーが合成され、それらが合体して、新しいウイルスが多数生産される。ウイルスの中でもレトロウイルスと呼ばれる種類のウイルスは、殻の外側に、さらに細胞膜と同じ素材でできた膜をもつ。

②先週の六月一七日、山口県海岩市に在住の二一歳の大学生、佐久原あづみさんが、突然高熱を出し、救急車でアパートから市内の病院に運ばれた。高熱は今も続いている。採取された血液の精密検査の結果、佐久原さんの高熱の原因は、ウイルスであることがほぼ確実になった。原因になったウイルスは、数年前から南西アジアで確認されるようになったTUKウイルスの一種であることも明らかになった。あづみさんがペットとして飼っていたシロアシハムスター（*white footed hamster*）から感染した可能性が高いと見られている。ウイルスは生物と非生物の両方の性質をもつといわれ、タンパク質の殻の中に遺伝物質（DNAかRNA）が内蔵された構造をもっている。生物の細胞の表面に

付着すると、細胞の外側に殻を残して、遺伝物質だけが細胞の中に入り、細胞の中で遺伝物質の情報をもとに、殻や遺伝物質のコピーが合成され、それらが合体して、新しいウイルスが多数生産される。TUKウイルスは、ウイルスの中でもレトロウイルスと呼ばれる特殊な種類のウイルスで、殻の外側に、さらに細胞膜と同じ素材でできた膜をもつ。ガンを引き起こすことが知られているウイルスはすべてレトロウイルスであるが、その理由の一つは、このような、外側の膜の存在にあると考えられている。佐久原さんがシロアシハムスターを入手した経路はまだわかっておらず、母親の良子さん（五三歳）は、「娘の容態が心配でなりません。二か月ほど前にアパートを訪ねたときは、娘はハムスターを飼ってはいませんでした」と述べており、病院では、治療に全力を注ぐとともに、早急に、日本に入っているシロアシハムスターの実態把握も行いたいと話している。

※②は架空の話です。

いかがでしょう。私の経験では、ウイルスの特性やレトロウイルスの特殊性などを学生に伝えるとき、②のような説明をしたほうが、学生の理解は断然よい、と思うのです。それは、一つには、毎回の授業後に出してもらう質問・感想用紙の内容からもうかがえます。

繰り返しになりますが、おそらく、②の説明の中には、「ウイルスが、学生自身も含めた人間の病気の原因になることがある」ことが、プライベートな情報も含めて、身近でリアルな話としてなされているからではないでしょうか。

脳が〝注目！〟の反応を示し、その事実に関連した、ウイルスの特性などの情報も取り込もうとしてしまうからではないでしょうか。

「意外な出来事」に、脳は注目する

「意外だ！」と感じたときの脳の状態は、学習という現象との関わりで言えば、次のように表現できると思います。

「それまでの記憶内容とも照らし合わせて予想した状況とは、かなり異なった状況に直面している。対処法がわからないし、新しい情報が得られる機会だから、とにかくにも注目しよう！」

かくして、脳は、〝注目！〟の反応を示し、情報を入力して、記憶内容の体系の中に取り込もうとするのではないでしょうか。

脳が、記憶と照らして予想した状況と、異なった状況に直面すると注目してしまう、という特性をもっていることは、基本的には、本人の生存・繁殖に有利に作用すると考えられます。そうやって新たに蓄えられた情報は、その後出合うさまざまな状況で、より適応的な対処を可能にすると考えられるからです。

狩猟採集の生活の中で、ある動物の、それまで見たことのない行動を目撃したとしましょう。そんなとき、その行動に驚き、注目し、深く記憶にとどめたとしたらどうでしょう。それが、その後の狩猟採集法を改善する可能性は十分あるのです。

私は、三〇年も前、韓国の山の中で、シベリアシマリスが、ヘビの尿（白くて半固体状）を、一心不乱に、なんと自分の体に塗りつけている場面に出合いました。それは世界中で、少なくとも研究者は、誰も見たことがないシマリスの行動でした。

私は、驚き、注目し、三〇分以上続いたその行動をずっと見ていました。その後、ＳＳＡ(Snake-Scent Application Behavior)と名づけられるその行動は、シマリスがヘビの攻撃から身を守るために行われるものであることが、私のねばり強い（!?）研究からわかりました。

もし私が狩猟採集時代の狩人だったら、その新しい発見をうまく利用して、シマリスを捕獲する画期的な方法を考えたかもしれません。

たとえば、シマリスが現れやすい場所に、ヘビの尿をたくさん置いておき、シマリスが

ＳＳＡに夢中になっている間に、上からカゴをかぶせる……とか。シマリスが、ある場所にじっとしていることは、そうそうあるものではありません。つまり、ＳＳＡに注目し、深く記憶する性質をもつ脳があったからこそ、狩猟採集法を改善できる可能性が生まれるのです。

ヤギコの脱走

私は、この「意外な出来事」と関連させるという方法を、学習のために、意識的に授業で使っています。正直に言うと、半ば、そうせざるを得ないときもありますが。

実例を一つご紹介しましょう。少し長くなりますがご勘弁ください。

本題に入る前に、ちょっとした事前の状況説明をさせていただきます。

私が担当していた「生物学入門」では、毎回、自分でつくったプリントを配り、それを中心にして授業を行っていました。パソコン（パワーポイント）や白板、映像、拡大実写装置、そして「実物」なども使っていました。

伝える内容によって、効果的な提示方法は違いますし、適切に提示方法を変えれば、学生の集中も維持されやすいと思っているからです。プリントも、少なくとも私の生物学入門では、毎回配るほうが、新鮮さがあってよいと思っていましたし、講義の数日前に発表された内容もプリントに付け加えることができたからです。

前日までに授業の用意ができていないときは当日が大変でした。ときには、授業の数時間前くらいから、前回の授業で学生から受け取った質問・感想用紙の内容に目を通し、「副次的な」提示物も考えながらプリントを用意し、プリントを印刷するのです。

毎年、一〇〇〜二〇〇人が受講するので、プリントの印刷も結構時間がかかるのです。

ある日のこと、プリントの印刷に手間取り、やっと終わって講義室へいこうとしたら、印刷室の窓から見える大学の北側の道路を、大きなヤギが草を食べ食べ歩いていたのです。

私は「えっ！」と思いました。そのヤギは、大学で私が顧問をしているヤギ部で飼育されているヤギで、体が大きく、気が強いヤギコという名前のヤギだったのです。

小さいころは可愛い可愛いヤギだったのですが、大きく成長し、そのころは、見知らぬ人はもちろん、ときには部員さえも角で蹴散らす、大学内でも有名なヤギになっていました。ただし、幼いころからずっと世話をしてきたこともあって私には従順でした。

もちろん柵で囲まれた放牧地で飼育されていたのですが、木の老朽化も手伝い、戸の閉め方が悪いと、まれに脱出することがあったのです。ヤギコの脱走は大学では大事件で、それまでにも事務局の人を巻き込んで一騒動になったこともありました。

私は、講義室へと心ははやりながらも、ヤギコをそのまま放置していてはいけないと思い、部長や前部長に電話をしました。

ヤギコの性格を知らない人物が不用意に近づいて、ふつうのヤギにやるように、頭などなでようとしようものなら、どんな事件が起こるかわかりません。しかし、電話は、部長にも、前部長にもつながりません。

草食動物と植物の共進化

そこで、即座に、「授業」と「ヤギコの身の拘束」を両立させる方法を考え、それを実行したのです。それは次のような方法です。

生物学入門の前の授業では、〝草食動物と植物との共進化〟について、ある例を話して終わっていました。「植物による、草食動物に対して毒性効果のある物質の生産と、それに対する草食動物の対抗手段」です。

多くの植物は、草食動物への防衛戦略として、主に葉の中で、それぞれの植物に特有の毒性物質を生産するように進化しており、草食動物がその物質をある一定量超えて摂取すると、その動物は体調に異変をきたします。命を落とす場合もあります。

いっぽう、植物が生産する毒性物質は植物によって異なっているので、動物の側は、それを利用して、植物Aを一定量食べると、そこで植物の種類を変え、植物Bを食べはじめる。そしてまた一定量食べると、そこで植物Bはやめて植物Cに変える……、それを繰り返していくのです。そうすれば、どの植物種の毒性物質にもダメージを与えられることなく、植物から栄養をとり続けることができるのです。その後、十分時間をおけば、それぞれの植物種から取り込んだ毒性物質は体内で無毒化されたり、体から排出されたりして、その蓄積はリセットされます。

このような草食動物の防衛行動は、植物のほうにとっても、ある程度の勝利と言えます。葉を大量に食べられることが避けられるからです。

この内容と「ヤギコの身の拘束」とを結びつける方法、読者のみなさんもおわかりでしょう。そうです。まさにヤギは草食動物であり、そのヤギが、草を食べ食べ歩いていたのですから、もうこれしかありません。学生たちに、ヤギの植物の食べ方を実際に見てもらえばいいのです（実際にヤギは食べる種類を変えていきます。ヤギコも同様であることは、初代ヤギ部の部長のYさんや副部長のKさんたちの卒業研究でも確認されていました）。

偶然を利用した「意外」な授業

早速、私は、プリントや、授業で使う予定のものを入れたカゴをもって講義室に向かいました。途中、授業の開始を告げるチャイムが鳴りました。

私は、急いで講義室に入り、努めて努めて冷静を装い、次のように言いました。

「では講義をはじめます。突然ですが、今日の講義は、まず、この講義室を出て、大学の建物の裏に行きます。そこで、前回の講義でお話しした、植物の毒性物質に対する草食動物の対抗戦略を実際に見てもらいます」

それから、その〝草食動物の対抗戦略〟について簡単に復習した後、

「では、ノートと筆記用具をもって急いで私についてきてください」

学生たちは、最初、ポカーンとしていましたが、やがて隣の人と何か小声で話をしはじめました。なにせ、一〇〇人を超える学生たちが受けている授業です。突然、全員で外に出て、建物の裏で動物を見る、などという展開に驚いたのです。

余談ですが、そんなとき（つまり、学生たちがザワザワしはじめたようなとき）、私は、後ろを振り返ることなく、どんどん目的地へと進んでいきます。講義室を出て、廊下を通り、建物の

目的の出口まで歩いていくのです。

さすがに、しばらくすると後を振り返りますが、このやり方で、ほとんどは大丈夫です。まず私がキッパリとした態度で歩きはじめると、私の話の内容や、小林という動物（私のことですが）そのものに関心をもつ学生が、必ず何人か急いでついてきます。すると、その姿を見た何人かの学生が、それにつられてついてきます。かくして、そこにある程度の流れができると、学生全体も動き出すのです。

私は、講義棟のある建物から、渡り廊下を通って、後方の建物に入り、印刷室から見えた道路の上のヤギコに最も近づける出口を目指しました。

目的の出口のドアを開けると、そこから見上げた道路にいるはずのヤギコの姿はありませんでした。そして、いつのまにやら小雨が降っていました。

ヤギコはどこかへ移動したようだし、ヤギコを探し出して皆を連れていくのも雨の中では無理だし……。少し困りました。でも、それはそれ、私の心の中では、また何か「意外な出来事」が起こるチャンスかもしれないという気持ちもありました。

とりあえず、近くにいるはずのヤギコを見つけるために、雨の中を道路へつながるコンクリートの階段を登っていくと、後ろで、「メーッ」という声が聞こえるではありませんか。

もちろんヤギコです。

ヤギコは、雨が降り出したので、建物の出口の近くの軒下で雨宿りをしていたのでしょう。そうしたら小林が道路に向かって階段を上がっていたので、ちょっと声をかけてみた、といったところでしょう。

そこにいたか！

それを見て私は素早く次の展開を考えました。

このあたりが、また、学生たちにとって「意外な出来事」になるのです。出口までついてきていた学生たちの集団を、とりあえず、そこで待機させ、道路わきの駐車場に止めてあった私の車からカッパと帽子を取り出し身につけました。学生たちは、何が起こるのだろうか、みたいな様子で私を見ています。

私は、雨宿りしているヤギコにゆっくり近づき、さっと首輪をつかんで、ひとまず身柄を拘束しました。そして、学生の一人にヤギ小屋から取ってきてもらっていたリードをヤギコの首輪につけ、道路のわきの草地まで移動させ、学生たちに向かって言いました。

「ではこれから実験をはじめます」「ヤギコがこれから草を食べはじめます」

こうして実演がはじまったのです。

私に「ほら食べろ！」と言われたヤギコは、人使いが荒いなー（ヤギ使いが荒いなー）とでも言いたそうに、最初は気乗りしない様子で食べていましたが、そのうちに諦めたのか、調子よく食べるようになりました。

私は、ヤギコが食べている植物をちぎりとって高く掲げ、「今、〇〇〇〇（たとえばメリケンカルガヤ）を勢いよく食べています」と、大きな声で解説しました。そして、「よし、そろそろ次の別な草が食べたくなっただろー……」などと心の中でささやくと、ちゃんとヤギコは別の種類の草を食べはじめてくれるのです。

「あっ、今、メリケンカルガヤからメドハギに変えました！」

私の解説にも熱が入ってきます。

そしてまたしばらくすると、道路わきにわざわざ植栽されているコデマリなどを食べはじめるのでした。

「おっと、次は植木屋さんが植えていったコデマリを食べはじめました。植物の種類を変えています」

そんな感じで、私も調子にのって解説を続けました。カラスノエンドウ、次は再びメリケンカルガヤ、次にメヒシバ……。もうそろそろいいでしょう。私は学生たちに、

「以上で実験は終わります。講義室に帰りましょう」

といって、ヤギコをヤギ小屋まで連れていき、それから急いで講義室に戻りました。

講義室に帰った私は、ヤギコの植物の食べ方を復習し、「有毒物質を有する植物に対する草食動物の対抗手段」について確認して、次のテーマへと移っていったのです。

講義の後で学生たちにいつも出してもらっている質問・感想用紙には、「学習を促進するハプニング」を支持する感想が多く見られました。

「まさか、外に出てヤギを見るとは思わなかった。今日の講義はとても面白かった」という感じのことだけ書いた学生もかなりいましたが、私は、彼らも、「有毒物質を有する植物に対する草食動物の対抗手段」を記憶にとどめたに違いないと思っています。

授業中に窓から手を出してヤモリを捕まえる

この例は、「意外な出来事」と関連させるという提示方法として、偶然逃げ出したヤギを利用する授業というのは少し極端でしょうし、また、脳に「注目！」反応を起こさせる複数の要素が含まれていたと思われます。でも、「意外な出来事」と関連させるという提示方法の有効性を確かに示していると思うのです。

私は、講義で、この手法をよく使います。調子にのって恐縮ですが、ヤギの場合ほど極端ではないケースで、もう一つだけお話ししましょう。

生態学に関する授業で、学生に、次のような内容を伝えたいときに使った方法です。

「植物の繁茂とともに、それがつくりだす環境（餌、棲家、隠れ家などを提供）は多様化し、そこに生息する動物の種類は増えていくことが多い」

大学の講義棟の壁は、設計のときから、壁の表面をツタが広がり繁茂できるように、小さな凹凸の構造になっています。ツタがそこに付着根をくっつけて広がっていくのです。開学時に壁の根元にツタの苗が植えられ、ツタは徐々に広がり、葉を増やし、厚みを増しながら繁茂していきました。

ツタの繁茂によってハチや蛾、ガガンボ、カタツムリなどの生物が集まりはじめたことには気づいていましたが、あるとき、偶然、ヤモリの子どもが重なった葉の間に潜んでいることがわかりました。理由ははっきりわかりませんが、ヤモリの成体はツタの〝林〟には見られませんでした。

そこで私は思ったのです。あらかじめ、授業をする教室の窓の周囲のツタ〝林〟を確認しておき、ヤモリの子どもが潜んでいたら、授業中に教室の内側から窓を開けて手を伸ばし、ヤモリの子どもを見事に捕獲（！）して学生たちに見せてやろう、と。きっと学生たちは、私の行為とヤモリの存在に驚くでしょう。授業中、窓を開けて動物を捕まえたりするような教員はまずいないでしょうから。

そして、その出来事とともに、「植物の繁茂とともに、それがつくりだす環境は多様化し、そこに生息する動物の種類は増えていくことが多い」という内容を投げかけて、解説したのです。

それが実現した授業では、授業後に書いてもらう感想・質問用紙には、かなりの学生たちが、私の行為（窓を開けて手を伸ばし、ヤモリの子どもを見事に捕獲した）にふれていました。伝えたかった内容（植物の繁茂とともに、それがつくりだす環境は多様化し、そこに生息する動物の種類は増えていくことが多い）とともに、です。

血縁関係に注目する特性は、人類共通

次の例はなかなか授業では使うことはできないかもしれません。学生たちのプライバシーの問題もありますし、私も授業で、正面からこの手法を使ったことはありません。ただし、たとえば、「近代史」に関係するような授業の中で、

「みなさんの両親や祖父母に、自分の数世代前までの人たちがどういう人で、自分が生まれるまでどんなことがあったのかを聞いてきてください」

といった課題を出して、その内容と歴史とを絡めながら授業を進めるやり方が行われてい

ることは、ときどき耳にします。

みなさんは、NHKのテレビ番組「ファミリーヒストリー」をご覧になったことはあるでしょうか。著名な人物をスタジオに招き、秘密裏に調べた（もちろん取材した血縁者たちには十分な了承をとっているでしょうが）数世代前の祖先から、本人に至るまでの出来事が写真や映像、解説でまとめられた〝ファミリーヒストリー〟を見てもらうのです。そして、それを見る本人の表情や発言から、その心の動きを追っていくのです。

私が見た限りでは、本人はその内容に注目し、人によっては涙を流しながら、心を動かして自分の血縁者の歴史〝ファミリーヒストリー〟を見ています。

もちろん授業で、この番組で見られるほどの心の変化は起こせないでしょうが、生徒に、自分の〝ファミリーヒストリー〟を調べさせる授業は、本質的には番組と同じ性質の脳の変化を起こして、関連した歴史的出来事の理解や記憶を促進するのではないかと思うのです。

ちなみに、私は、そのような人間に共通して備わっている心理特性を、学生に実感してもらうために、よく次のような話をします。

みなさん、想像してみてください。今日、帰宅したら、お母さんから手紙が届いていて、そこにはこう書かれてあったとしたら。

「実は、あなたには四つ年上の兄がいて、あなたが通っている大学がある鳥取市の市役所に勤めている」

「やむを得ぬ事情があって、兄は養子として、ある夫婦にもらわれていって、その後のことはまったく知らなかった。連絡は取らないという約束だった」

「でも最近になって、偶然にその子の消息がわかった。そして、あなたに伝えるべきかどうかいろいろ迷ったのだけれど、知らせることにした」

どうでしょうか。もし、自分に四つ年上のお兄さんがいると聞かされたら、みなさんは、その人のことが心の中で大きく広がっていくのではないでしょうか。「どんな人だろうか」とか「もし会ったら自分のことをどう思うだろうか」とか、いろいろと考え心がざわつくのではないでしょうか。

いっぽう、その話が、血のつながった兄ではなくお母さんやあなたにとって、他人の話ならどうでしょうか。昔からとても親しくしている近所のおばさん夫婦が、やむを得ない事情で養子に出した、あなたより四つ年上の男性のことだったらどうでしょう。血縁のある人に比べて、そんなに心がざわついたりはしないのではないでしょうか。

これまでの人類学の研究は、「血縁者の情報に対する脳の注目」が、世界中のすべての人類に共通した特性であることを示しています。

昔は、その関係を「血のつながった（related by blood）」とか、「血を分けた（of the same blood）」と表現し、血のつながった個体に対する特別の感情を表したのです。

では、このような「血縁者の情報に対する脳の注目」はなぜ起こるのでしょうか。

進化理論から考えると、われわれの脳に「自分と同じ遺伝子をたくさんもっている可能性が高い個体（つまり、親子、兄弟姉妹、甥、姪などの血縁者）には、特に敏感に反応し、その個体に対しては無償の援助もいとわない」と感じる性質が備わっている理由は容易に理解できます。

生存・繁殖に有利な遺伝子が増える

少し理屈っぽい話になりますが、ちょっと説明します。

ヒトに限らず他の動物でも、「自分と血縁関係にある個体（親子、兄弟姉妹など）」というのは、「進化」あるいは、進化に本質的な意味をもつ「遺伝子」という面から言うと、ずば抜けて特別な存在です。

というのは、「自分と血縁関係にある個体」は、「自分と、より多くの同じ遺伝子を共有している個体」だからです。たとえば、親子の間では、子どもは、父と母各々の遺伝子の半分をもっています。母の遺伝子の半分が卵に入って、父の遺伝子の半分が精子に入って子どもに伝えられるのです。兄弟姉妹の関係にある個体同士の間でも、互いに、遺伝子の半分が共通です。別の言い方をすれば、「自分がもっている、ある遺伝子に注目すると、その遺伝子を相手ももっている確率は二分の一」ということになります。

進化という現象を踏まえて「なぜ、その生物はそういった形質をもっているのか」と考えるとき、われわれ研究者は、しばしば次のような問いを考えてみます。

「もし、そういった形質を設計する遺伝子が、突然変異の結果できてしまったら、その遺伝子は、世代を通じて増えていってしまうだろうか、それともその後の世代で増えることなく消滅してしまうだろうか」

ちなみに、ここで言っている「形質」というのは、細胞や組織・器官などがつくりだす体の構造や働き、行動や心理などです。それらは生物の種によってそれぞれ異なっていて、ホモサピエンスの体の構造や働きであれば、陸上での狩猟採集生活に適した骨の形や組み合わせ、心臓の動き方、汗のかき方等々、行動や心理であれば、恋をして一夫一妻を長期間維持しようとすること、言語に興味を示し、積極的に習得しようとすること等々です。

いっぽう、キクガシラコウモリの場合であれば、ホモサピエンスとは異なった「体の構造や働き」「行動や心理」を備えていますが、その違いを生み出している主要な原因は、遺伝子の、正確に言えば、遺伝子に、塩基の配列として書き込まれている情報の違いです。

遺伝子は、さまざまな原因で、まれにその情報が変化することがあります。遺伝子情報の変化が突然変異です。その新しくできた遺伝子がもし、それをもっている個体の生存や繁殖に有利になるような遺伝子だったら、その個体は生きやすく、子どもを残しやすいわけですから、その遺伝子も、たくさんの子どもの体に伝わっていきます。それが繰り返されると、その遺伝子は、世代を通じて増えていくことになります。

たとえば、海水の湖が散在する砂漠に生息する、ある種のラクダで、たまたま遺伝子の突然変異が起こり、水の代わりに海水を飲んで生きていけるような形質（腎臓の塩分排出の能力の向上などよる）をもった個体が現れたとします。これは実際に起こったことです。現在、新種とするかどうか検討されています。すると、そのような遺伝子をもったラクダは、その生息地での生存・繁殖が有利になると考えられ、その遺伝子は、子ども、孫、ひ孫……という具合に増えていく可能性が高いでしょう。

理屈っぽい、まわりくどい言い方をしましたが、進化理論を踏まえて言うと、要は、「現在、その生物がその形質をもっている」ということは、「その形質の設計図となっている遺伝子が、子孫に広く伝わっているからだ」ということになるのです。

血縁者への無償の援助

話をもとに戻しましょう。

今、「相手が、自分と血縁関係にある個体なら自分が損をしてでもその個体を助けよう」という心理を生じさせる遺伝子、正確に言えば、そういう心理を生み出す脳の神経配線の設計図となる遺伝子ができたとします。仮に、このような遺伝子を、血縁個体援助－遺伝子と呼びましょう。

血縁個体援助－遺伝子ができてしまったら、その動物は、血縁個体（同じ遺伝子を共有している可能性が特に高い個体）をもっている可能性が高いわけですから、極端な場合、自分が命を捨てて血縁個体の命を助けたとしても、その遺伝子がなくなることはありません。なぜなら、自分の中の血縁個体援助－遺伝子は失われますが、助けた血縁個体の中で、血縁個体援助－遺伝子は生存し続けるからです。

ミツバチでは、働き蜂が、女王蜂や巣の中で育っている幼虫のために、自分の命をかけてスズメバチなどの外敵に立ち向かう行動が、世代を超えて続いています。幼虫たちは働き蜂の妹です。ミツバチの中に、血縁個体援助－遺伝子が存在している、そして子孫に確実に伝わっているからだと考えられています。

このような血縁個体援助－遺伝子は、ヒトも含めた、地球上のほとんどの動物で生じたようで、ほとんどの動物種が、親子、兄弟姉妹、甥姪などの血縁者、つまり「自分と同じ遺伝子をたくさんもっている可能性が高い個体」には、特に敏感に反応し、「その個体に無償の援助もいとわず行動する」形質をもっているのです。

生物現象ですから、もちろん、例外的な、それにあてはまらないケースが起こることもありますが、それぞれの種全体を見たとき、ヒトも含めて、血縁個体援助－遺伝子に設計された脳の性質が存在することは明らかです。

家族問題が注目される理由

余談になりますが、ホモサピエンス社会のゴシップ記事で「骨肉の争い」「血縁者同士の争い」がよく取り上げられたり、映画で「敵として闘っていたもの同士が実は親子とか兄弟だったことがわかる」というストーリー展開がよく用いられたりすることがあります。動物行動学の立場から言えば、その背景には「自分の血縁個体には、特に敏感に反応し、援助をしやすい」という脳の性質が関係しているわけです。

本来、われわれの脳には血縁個体には、特に敏感に反応し、援助をしやすいという性質があるにもかかわらず、それとは反対の出来事が起こるからこそ、逆に人々の関心を強く引くのではないでしょうか。

人が、自分の出自に強い関心を示し、それがわからないと、いわゆるアイデンティティの喪失とも呼ばれる、不安や無気力を感じてしまうケースの背景にも、同様の背景が関係していると言えます。

個別の事情はさまざまでしょうが、いわゆる「赤ちゃんポスト」（自分の赤ちゃんを何らかの理由で育てられない母親が、市民団体や病院などが設置したポストに、こっそりと置いていく、社会的なしくみの一つ）や「精子バンク」（すでに保存されている男性の精子を買って妊娠し、子どもを出産する産業的制度）が注目を集め、議論の対象になります。あるいは、そうした制度に関わったヒトの中には、アイデンティティの喪失のような心の問題を引き起こしているケースがあるのも偶然ではないと思います。

少々重い話になって恐縮ですが、血縁個体援助－遺伝子は、単一の遺伝子ではなく、血縁個体を認知したり、その個体と精神的な絆を結ぼうとしたりする脳の構造を設計するたくさんの遺伝子の総体です。

われわれは、幼少期からの生活の中で、血縁個体を認識し、助け・助けられを繰り返しながら成長していきます。社会的な制度はどんどん整えられていくと思いますが、「赤ちゃんポスト」や「精子バンク」では、子どもがそのことを知っている場合、本人は一番の血縁者である親を認識することができない状態で成長します。現状でそれは、脳の根源的なところで、欲求や不安を抱えたままで成長する可能性があるのではないでしょうか。

一例を紹介しましょう。ドイツでは近年、捨て子ポストの設置が増加しているといいます。二〇〇二年一月三〇日の朝日新聞の「独で広がる捨て子ポスト」と題する記事の中に、捨て子ポストに置かれ、施設に入れられ、その後養子として育てられた三〇歳代の女性の気持ちが掲載されています。以下、記事の中の女性の言葉の一部です。

「五歳まで施設で育ち、養子になった。すばらしい養父母で、私の気持ちをよくわかってくれた。だけど、十七歳のころ、匿名出産の子どもによくあるように精神的に不安定になった。母親がほしかったわけではない。自分に欠けている小さな輪を探し続けていた。でなければ自分が解放されないような気持ちだった。実母に謝ってほしかったのでもない。ただ、私の存在を認めてほしかった」

話が逸れてしまいました。

私は、ポジティブな意味で、「自分の血縁個体には、特に敏感に反応し、援助をしやすい」という脳の強い特性を、学習活動に適切に活用することは可能ではないかと思っています。もちろん、その活用の仕方は慎重に考えなければなりませんが、そういった視点を意識することは、効果的な学習方法の開発に有意義だと思うのです。

3 進化の視点から見た「学習しやすい状況」とは

心の動きを推測するミラーニューロン

人間が、進化的に適応した社会は、おおよそ一〇〇人以下の、互いに顔見知りでいられる個体からなる閉鎖的な社会であると、動物行動学では考えられています。

さらに、そのような社会でヒトが、生存・繁殖をうまくやり遂げるためには、さまざまな場面で、他人が「何を感じ、どう考えているのか」を推察できる能力がとても重要だったと考えられます。

的確な推察ができれば、たとえば、相手と自分の利益が結びつくような接し方もうまくできたでしょうし、「恋」をめぐる駆け引きなどでもうまくふるまえたでしょう。

相手の心の「的確な推察」のためには、「他個体を識別し、それぞれの個体の性格やその個体の家族構成等々の、そのヒトが置かれている状況に関心をもち、そのような情報を積極的に記憶する」といった性質が備わっていることが重要だったと考えられます。ヒトが置かれている状況に関心をもち、積極的に記憶する性質が背景にあるからこそ、われわれは、他人のプライベートな情報に、ついつい興味を引かれてしまうのでしょう。

われわれの脳が他人を識別するうえで、「顔」は、特に重要な信号であることが知られています。読者のみなさんも、誰か他人のことを思い出すとき、まず頭に浮かぶのは、その人物の〝顔〟ではないでしょうか。ヒトの脳には、他人の顔の違いを敏感に認知・記憶する優れた能力が備わってるのです。

生存・繁殖にとって重要な活動である「相手の心の推察」のために進化したと考えられる神経細胞の働きが、近年、発見されました。まずはサルの脳内で発見され、その後、ヒトの脳内にも存在することが明らかになりました。そのような働きをもつ神経細胞は「ミラーニューロン」と呼ばれ、次のような特性をもっていました。

ミラーニューロンは、自分が身体を動かすときも電気的に興奮しますが、自分は動かずに相手が身体を動かすのを見ているときにも興奮します。ミラーニューロンが興味深いのは、たとえば、自分が手を上げるときの興奮の仕方と、相手が手を上げたのを見ているときの興奮の仕方に違いがないところにあります。つまり、相手の動作を自分の脳の中で再現しているというわけです。ただし、相手の動作を再現する脳内での興奮が、何らかのしくみで筋肉には伝わっていないということのようです。

泣いているヒトの顔を見ると、自分の脳内でも「泣く」表情が再現され、悲しみの感情が湧くことが、その後の研究からわかってきました。さらに、相手が、手をピンで刺されるところを見ると、痛さを感じるときに興奮する神経が、見ているだけの自分の脳内でも興奮し、再現されているのです。

ヒトの脳には、「相手の心の動き」を敏感に読み取ろうとする強い性質が備わっていることが、近年の多くの研究で示されているのです。

心＋ビジュアル表現

そして、そのような脳の性質をうまく活用することによって、効果的な学習に結びつけることは、まさに本書の目的に合致することです。それはおそらく、さまざまな分野の学習に適応できると思われます。というか、現在、すでにいくつかの分野で活用されているようです。

たとえば、「日本史」とか「世界史」といった分野がそうでしょう。

ある歴史的な出来事を提示するとき、その出来事に関係する人物のそれぞれの思い、感情、心理を織り込んで提示すれば、脳は自発的に、心の動きを読み取ろうとし、出来事の内容をより積極的に把握しようとするでしょう。それが効果的な学習につながるのです。

現在、実際に、学習の教材として広まっている例として、マンガ日本史、マンガ世界史といった「心＋ビジュアル表現」を利用した教材があります。「マンガ日本史」「マンガ世界史」には、覚えるべき歴史的出来事に、人々の思いが描かれます。

それらは、感情や心理の描写に加えて、別の脳の特性も合わせて活用することにより、いっそうの学習効果をあげています。それは、脳が敏感に検知しようとする「人々の顔や姿」が、視覚的に描かれていることです。

なぜ、文章（あるいは数式）よりもマンガ（画像）のほうが、ヒトは理解しやすいのか、あるいは、脳の特性に合致するのか？

「それは当たり前だろう」と思われるかもしれませんが、まずはそこを疑ってみるべきです。つまり、理論的には逆の場合もあり得るわけです。

たとえば、多くのコウモリは、視覚的画像より聴覚（超音波）の情報のほうがずっと理解しやすい。つまりヒトにとって視覚的画像が理解しやすいということは、ヒト以外の生物を考えれば、けっして当たり前ではないのです。「なぜ、文章よりもマンガ（画像）のほうが、ヒトは理解しやすいのか」……そこには、ちゃんと進化的背景をもった理由があるのです。

文字は生得的ではない

今でこそ「文字」というのは、世界中で使われている、多くの人々の日常生活に極めて密着した情報伝達物です。しかし、ホモサピエンスの脳にとっては、それは、進化の過程で、生得的に適応した対象ではありません。あくまで、生後の繰り返しの練習によって覚えられたものです。

もちろん、〝言語〟は、生得的に適応した形質です。脳内には言語を聞き取り、組み立てるための専用の神経系領域が備わっています。しかし、それはあくまで、言語を、「文字」という視覚的な記号で入力する神経系ではなく、音声という聴覚的刺激として入力する仕様になっています。

これまで何度も述べてきたように、われわれホモサピエンスが進化的に適応してきた環境は、ホモサピエンス史の二〇万年の大部分を占める「自然の中での狩猟採集生活」です。そこでは、言語は聴覚によるものでした。脳は、当然、脳内の聴覚中枢を経由して言語を処理するような神経回路を備えています。

いっぽう、文字が〝発明〟されたのは、わずか三二〇〇年くらい前で、ヒトがそれを習得するためには、たいてい子どものころからの練習を繰り返して覚えていくのです。

つまり、文字と言語をつなぐ神経回路はもともと脳内には存在していません。

脳内神経系の活動を調べることができる機器を使った、最新の言語研究では、幼児は物体の形などを認知する神経系で文字を認知し、練習の結果、音声と文字とをつなげる神経配線がやっとできるのだそうです。どうしてもその練習がうまくいかない場合には、ディスレクシア（難読症、読字障害）と呼ばれる状態です。進化的な脳の適応を考慮すると、むしろディスレクシアも無理からぬことなのです。

いくら文字が自由に使いこなせるようになったとしても、やはり、生得的に脳に備わっている情報処理回路にはかないません。その生得的な情報処理回路の一つは、顔の表情も含めた、視覚的なヒトの姿の理解です。つまり、マンガの利点の中心は、生得的な情報処理機構を脳内に備えた、ヒトの表情や姿を含んだ視覚的画像なのです。その画像が脳に入力されて、出来事の内容の多くを伝えてくれるから、文章よりも画像（マンガ）のほうが、ヒトは理解しやすいのです。

心の動きと学習効果

理科の分野の学習を目的とされた子ども向けの本でも、心を読み取る脳の特性を利用した、表情豊かなキャラクターが登場するマンガや図版、写真を使ったものは効果的でしょうし、実際に最近増えています。そして、その効果を立証するかのように、よく売れています。

私自身は、大学での生物学の授業でも、心を読み取る脳の特性を利用しています。先にお話しした「病気と関連させる」ということとも重なりますが、私は、生物学入門の大学一年生、二年生を対象にした授業で、「脳の構造や働き」「脳と脊髄の関係」「臓器の構造と働き」といった内容の概略を説明するとき、「脳死からの臓器移植」という出来事に交差させて提示します。

そこには、学生の脳が反応してしまう顕著な「ヒトの心の動き」があるからです。もちろん、「脳死からの臓器移植」という出来事は、「ヒトの命をどう考えるか」「ヒトとはどういう動物か」などの深い問題をはらんでいます。そういった内容についても考えてほしいという思いもあります。

ＮＨＫのテレビで以前放映された、脳死に関するいくつかのドキュメンタリー番組の中から、さまざまな思いに揺れる人々の映像を、大きなスクリーンで見てもらいながら話を進めます。受講生に、それぞれの立場の人たちの思いを感じとってもらい、脳の構造と脳死との関係や、心臓の構造などについても、資料を使いながら説明します。

学生たちの脳が、映像のなかの人々の心を読み取ろうとするとき、人体の構造という生物学的な知識の理解も必要となって、脳は頑張るはずです。

関心の強さと記憶

われわれホモサピエンスが進化的に適応した生活環境は、「家族を単位とした、一〇〇人程度、あるいはそれ以下の集団が自然の中を移動しながら狩猟採集を行う」といった環境であったことは、すでにお話しました。

そのような環境のもとで、生存・繁殖をうまく行うための重要な条件として、次のような脳の特性を推察することができます。

「動植物の狩猟や採集がうまくいくためには、脳は、動物や植物、それぞれの種に関して、習性・生態（何を餌にしているか、どんな場所に生息・生育するか、どのようにして身を隠し、どのような逃げ方をするか。どの植物がいつ開花・結実し、どの部分が食べられるか等々）について特に興味をもち、記憶しやすい」

ちなみに、われわれホモサピエンスの脳が、現代においても、「狩猟採集生活の時代と同じ脳の特性を備えている」ことを示唆する事例はたくさんあります。本書でここまで見た内容にも、脳内の神経回路の骨格的な配線を決める遺伝子が、現代という、人類史で見れば瞬きする程度の時間では、あまり変化していないことは明らかです。

ヘビに対する恐怖感は霊長類に共通します。現代の精神障害の一つとみなされている「特定恐怖症」の対象になるのは、ヘビ以外ですと、高所、閉所、水流、雷、クモ、猛獣といった、狩猟採集時代にわれわれの祖先の命を脅かしたものばかりです。

いっぽう、現代の先進社会で死亡理由の高い車、電気、アメリカなどにおける銃といった、人工物が特定恐怖症の対象になることは極めてまれです。

冒頭でお話しした「つわり」についての研究成果もそうです。妊娠した女性が、ニオイのきついものなどに嘔吐反応を起こす「つわり」は、世界中のどんな地域の女性にも見られ、妊娠後からはじまり約三か月後に症状が最も激しくなるという特性も共通しています。「つわり」の適応的な意味を考えて研究したプロフェットは、「胎児の成長が、母親からへその緒を通って送られてくる毒性の化学物質に最も被害を受けやすい時期に最も症状も激しくなる」「つわりが激しいほど、流産や先天的欠損をもった子どもを出産する可能性が低い」ことなどを明らかにしました。たいていの野生の植物には、植物自身が自己防衛のために体内で生産する毒性物質が含まれていることなどを考慮すると、この、つわりの適応的意味は、狩猟採集時代におけるヒトの生活を考えるとよく理解できます。われわれが狩猟採集生活をしていたころの脳の適応的な特性と考えられるのです。

一般に、幼い子どもたちが、緑色の野菜を食べるのを嫌がるという現象も、多くの研究者は、狩猟採集生活における脳の適応的な特性ではないかと考えています。幼い子どもでは、消化作用の中で、多くの有害物質を無毒化する能力が未発達であり、狩猟採集時代に緑色の植物を食べることは幼い子どもの体にとって有害であった可能性があるというわけです。

あるいは、こんな例もあります。

ヒトが、どのような自然景観を好むかを調べた研究によって、「世界中、どんな地域のヒトも、ある程度、自分が育って慣れ親しんだ自然景観に近いものを好む傾向は見られるものの、基本的には、周囲の見晴らしがよく、近くに水場があるような場所を好む」ことが明らかにされています。視野の中に、水鳥やヒツジやヤギなどの草食動物が存在する光景はさらに好感度を増すことも報告されています。住処としては、以上のような条件を満たす小高い丘などが好まれることもわかっています。

財力があって自由に住処を選べるような人たちは、マンションなら、周囲が一望できる高い階の部屋を求めようとします。

そのような場所は、外敵が隠れて近づくことが難しい安全な場所であり、狩猟採集にも適した場所だからではないかと考えられています。

われわれの脳が、現代においても、狩猟採集生活に適応した状態であるとすると、「動物や植物、それぞれの種に関して、習性・生態への強い関心と記憶のしやすさ」という特性が脳に備わっているのは合理的な考え方ではないでしょうか。その脳のクセを活用して、「生物」に関する効果的な学習状況を考えることもよい方法です。

さて、ここでまた、私がこれまでに行ってきた実験授業のいくつかをご紹介したいと思います。いずれも、われわれの脳が、「動物や植物、それぞれの種に関して、習性・生態への強い関心と記憶のしやすさ」を備えていることを検証する実験です。

小学生の自然教室での実験

一つ目の実験は植物に関する記憶を調べるものでした。

私は学生たちと一緒に、大学の周辺にある山で、小学四年生以上対象の自然教室を行っていましたが、その自然教室の中で、次のようなゲームを行いました。

八種類の花植物を用意して、そのうちの半数は、単なる物理的な位置という情報によって植物を認知してもらいます。残りの半数については、各々の植物の習性や生態の情報によって植物を認知してもらいました。自然教室が終わってから一週間後、どちらの花植物について、より鮮明に覚えているかを抜き打ち的に調べます。

具体的な方法です。まず、山の二〇〇メートル×一〇〇メートル程度の広さの範囲に道を設定し、道の途中にいくつかのポイント（A～H）を定めました。

それらのポイントの半数（A～D）は山の中の少し広まった場所にしました。そして、残りの半分（E～H）は、道沿いのうっそうとした森の中やコシダが地表を覆う日当たりのよい斜面、森の中の小さな池のほとりなどにしました。

“うっそうとした林の
中の木にくっついて
いる” 花を見つけ位
置を記録する子たち
“竹の根元に生えた” 花を見つけ
位置を記録する子たち

図10　生物の習性と記憶との関係を調べる実験で森に設置された植物の状況

それらのポイントには、花の咲いた園芸植物を鉢ごと置きました。その園芸植物は、ホームセンターで購入したもので、植物全体や花の大きさがあまり違わず、また、子どもたちには馴染みがないだろう、それまでにあまり見たことがないだろうと思われるようなものを選びました。

A～Dのポイントでは、花植物はどれも木で作った台の上に置いておき、E～Hのポイントでは、あるものは木の幹にくくりつけ、あるものは竹の根元に置き、またあるものは池の水際に置いておきました（図10）。

ゲームの開始に先だって子どもたちには、実施区域内につくった道とA

〜Dのポイントの場所を記した地図、および実施区域内に提示した八種類の花植物の名前入りの写真を配りました。

それら八種類の植物のうち四つは、A〜Dのポイントにあり、残りの四つは、道の途中の「うっそうとした林の中の木にくっついていたり、竹の根元に生えていたり、池のほとりの水際に生えていたり、日当たりのよい急な斜面の木からぶら下がっているから、探してください」と告げます。最後に、「八種類の花植物を見つけ、その名前を地図上の正しい位置に記入するまでにどれくらい時間がかかるか競争してください」と言って、植物探しのゲームスタートです。


このような設定のもとでは、子どもたちが植物を探してそれに出合う状況が二種類に分かれます。四種類の植物については地図を見ながらA〜Dの場所を探し、その場所を発見、そこに植物がある、という状況です。いっぽう、残りの四種類については、各々の植物の習性・生態を手がかりにして探し、その習性・生態を確認しながら各植物に出合う、という状況になります。

この実験を行うことで、私が調べたかったのは、

「人間の脳に、生物の習性や生態に関する情報に特に敏感に反応するという特性が、本当

にあるかどうか」

でした。もし、そのような特性が脳にあるのだとしたら、子どもたちは、単なる地図上の位置（A〜D）という物理的な情報だけで見つけた植物よりは、「竹の根元に生える」といった習性を添付されて見つけた植物のほうをより深く記憶にとどめるはずだ、という仮説を実証するためです。

この予想を検討するため、自然教室が終わってから一週間後に、参加してくれた子どもたちに送った質問用紙には、自然教室全体についての質問に混ぜて、次の三つの質問も入れておきました。

（1）一番さいごのページには一六種類の花の写真が並べてありますが、その中には、植物さがしゲームで山においてあった花がまじっています。一六種類の花の中から、山においてあった花をえらんで記号で答えてください。

（2）一番さいごのページにのせてある花の中から、次のせつめいの花をえらんで記号で答えてください。

①Aのポイントにおいてあった。

②Bのポイントにおいてあった。

図 11　実験に利用した植物（花）

③Cのポイントにおいてあった。

④Dのポイントにおいてあった。

⑤うっそうとした林の中の木にくっついていた。

⑥竹のねもとにあった。

⑦池のほとりの水辺にあった。

⑧日あたりのよいしゃめんの木からぶらさがっていた。

（3）A～Dのポイントをさがして花を見つけるのと、花がある場所のとくちょうをてがかりにして花を見つけるのとではどちらが楽しかったですか。

質問用紙の中には、ゲームのとき子どもたちに配った〝道とA～Dのポイントの場所を記した地図〟を添付しておきました。また、質問用紙の一番さいごのページには、実際にゲームで使った八種類の植物と、実際には使わなかった植物の写真八枚、合わせて一六枚をランダムに並べておきました（図11）。

進化的に記憶しやすい情報とは

このような実験を、三つの小学校の子どもたちで二度行いました。各々の実験では念のために、A～Dのポイントに置く花植物の種類と、習性・生態の情報を与える花植物の種類とが逆の組み合わせになるようにしました。花植物の種類によって、その形態や色合い自体が記憶しやすさの差をつくりだしているという可能性を排除するためです。

質問に対して、最後まで答えを書いてくれたのは合計で四三人（女の子三一人、男の子一二人）でした。その結果をまとめたのが図12です。

この実験から、次の三点がわかりました。

（1）植物探しゲームで使われた花植物のうち、設置場所（A～D）についての物理的な情報

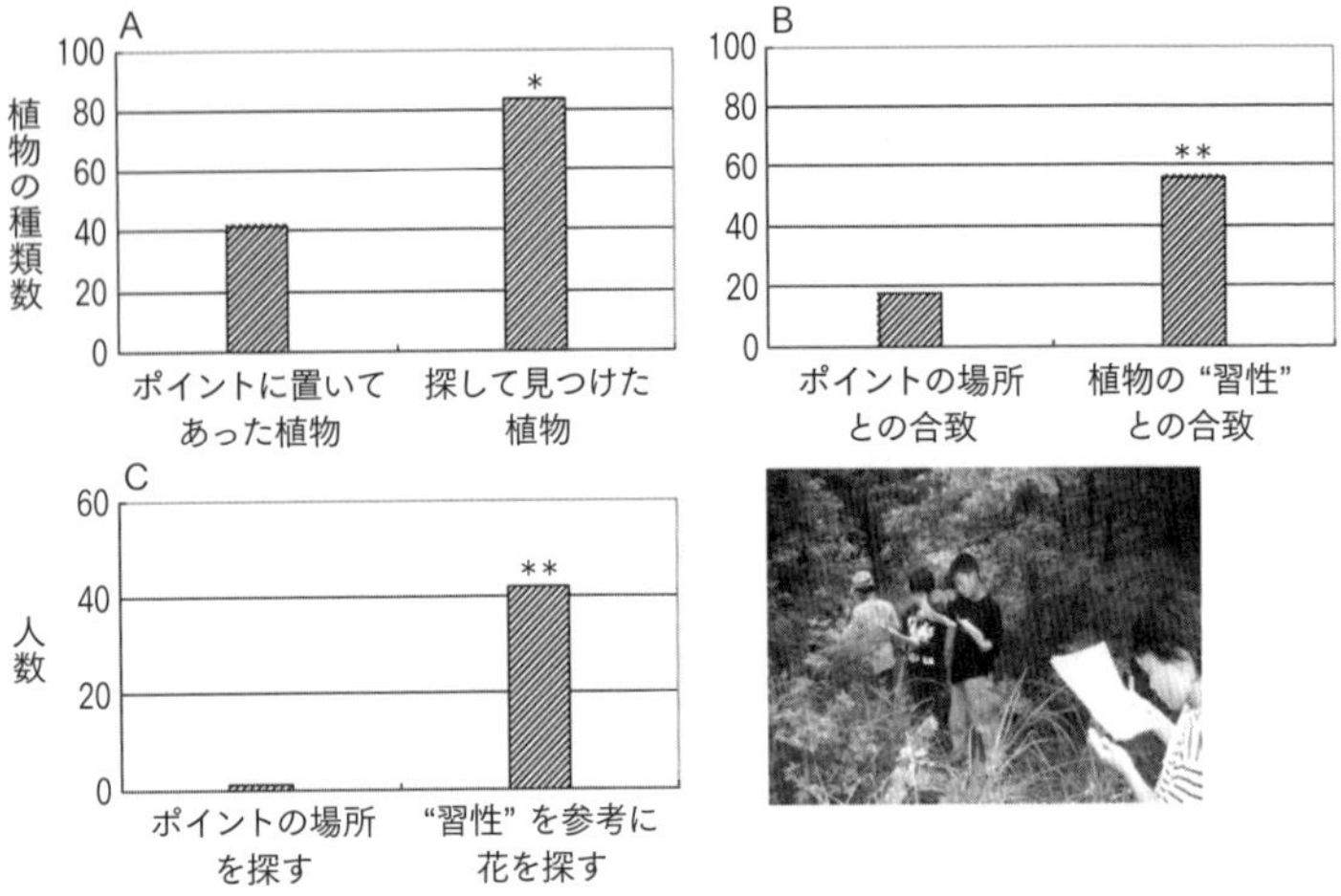

図12　森で植物を探すゲームを行った1週間後の記憶。A：記憶していた植物、B：植物があった場所と習性に関する記憶、C：より楽しかった活動の内容

* < 0.05, ** < 0.01（Mann-Whitney U-test）

を与えられた花植物よりも、存在する場所の生態的情報が与えられた花植物（残りの四つ）のほうが、一週間後、子どもたちに多く記憶されていました（統計的に有意な差が見られた）。

（2）一週間後に記憶されていた花植物に関して、設置場所（A～D）についての物理的な情報よりも、存在する場所の生態的情報のほうがずっと高い割合で記憶されていました。

（3）A～Dのポイントを探して花植物を見つける活動より、花がある場所の生態的特徴を手がかりにして花植物を見つける活動のほうが、子どもたちは圧倒的に楽しいと感じていました。

これらの結果は、先に述べた仮説「人間の脳には、〝生物の習性や生態に関する情報に特に敏感に反応する〟という特性がある」を支持していると考えられます。子どもたちは、単なる地図上の位置を手がかりに見つけた植物より、植物の習性を与えられて見つけた植物のほうをより深く記憶にとどめたわけですから。

(3)の結果に関連しますが、この実験中の子どもたちの反応はたいへん印象的でした。というのは、A〜Dの地点を探して花植物を発見したときは、どの子も、比較的淡々としていましたが、花植物がある場所の生態的特徴を手がかりにして花植物を発見したときは、「あった!」「やった!」という歓声が聞かれたからです。

ホモサピエンスも含む動物は、自分の生存や繁殖に有利に作用する活動には喜びを感じるようにプログラムされていると考えられています。子どもたちの反応は、探して見つけるという活動の一般的な楽しさもさることながら、生物の習性・生態に関する情報そのものがもつ魅力を物語っているのではないかと私は思いました。

生物の習性・生態に関する情報は、狩猟採集生活を送ってきた私たちの祖先の生存や繁殖にとってたいへん重要な情報だったと考えられるからです。

動物の習性や生態の情報なら、どうか

二つ目の実験は、動物に関する記憶を調べるものです。この実験も自然教室のプログラムの中で行いましたが、動物の説明をするのは最初だけで、自然教室中に動物を探したり、動物の話をすることはありません。

手順は次のとおりです。

自然教室の最初に、林の近くの広場に集まってもらいます。まず、子どもたちの脳の〝生物専用情報装置〟を高揚させるべく、すぐそばの林を眺めてもらいながら、林の中にどんな動物、植物が生きているか説明します。ここでは、動植物の習性などについて立ち入った話はしません。

次に、地面に置いておいた小ケージの中の動物を一種類ずつ取り出し、それぞれの動物について習性や生態の情報と、物理的人工的な情報とをランダムに二つずつ話していきます。物理的人工的な情報には、架空の話も混ぜました。

登場してもらった動物は、アカネズミ、アオダイショウ（ヘビの一種）、カナヘビ（トカゲの一種）、オオゴキブリ（日本の家庭にいる嫌われ者のゴキブリとは種類が違って、林に棲む、大きくて動

きもゆっくりしたカブトムシのようなゴキブリ）です。

「情報」は、「習性や生態に関する」もの「A、B」と、架空の話を含めた「人工的物理的」なもの「C、D」の、それぞれ二つずつです。情報量は同程度になるように心がけました。また、情報の中には、特にヒトが聞いたら驚くような刺激的な内容は入れないように配慮しました。

子どもたちに話した動物についての情報もご紹介しましょう。

●**アカネズミ**

・習性や生態に関する情報

A「林の中で土の中に巣穴を掘るが、ヘビなどに襲われたときに逃げやすいように、巣穴には出口が二つ以上ある」

B「秋になると冬に備えてドングリを土の中に埋めるが、ドングリの根がどんどん伸びていくと栄養が減っていくので、根が出ているドングリはまず根を切ってから土に埋める」

・人工的物理的な情報

C「日本には動物がデザインになっている切手はたくさんあるが、アカネズミは日本で最初に切手のデザインになった動物で、それが発行されたときは日本中で話題になった」

（架空の内容）

D「アカネズミを大学の実験室の中で飼っておくとだんだん部屋が臭くなるので、エアコンの換気を最大にして空気の入れ替えをしている」

●アオダイショウ

・習性や生態に関する情報

A「毒はないが、口に入れた獲物が逃げないように、歯が奥のほうを向いて生えており、獲物が動けば動くほど中に入っていくようなしくみになっている」

B「肛門のところには、鼻につーんとくるようなニオイを出す袋があって、外敵に攻撃されるとそのニオイを出す」

・人工的物理的な情報

C「あるペット店ではこのヘビを二〇〇〇円で売っていたが、なかなか売れないので、一か月ほどして一〇〇〇円に値引きしていた」（架空の内容）

D「ヘビの皮で財布を作ることがあるが、東北地方のある地域では、このアオダイショウの皮がよく使われる」（架空の内容）

●カナヘビ

・習性や生態に関する情報

A「草むらでバッタやコオロギなどを探して食べ、冬になると地面に穴を掘ってその中で体を丸めて冬眠する」

B「外敵に攻撃され尾が押さえられると、その部分が切れ、切れた尾は自分で跳ねて動く。カナヘビは外敵が切れた尾のほうに注意を向けている間に逃げる」

・人工的物理的な情報

C「カナヘビを研究するために一匹一匹のカナヘビの頭や背中に白色の絵の具で違ったしるしをつけて区別している。しるしは一か月ほどすると落ちて消えてしまう」

D「フランスではカナヘビの一種が野球チームのマスコットになっていて、そのチームはとても強い」（架空の内容）

●**オオゴキブリ**

・習性や生態に関する情報

A「家にいるゴキブリとは違った種類で、林の中の、倒れて中がボロボロになった木の中に棲んでいる。木のくずを食べて生きている」

B「オオゴキブリの仲間には、子どもと親が長い間一緒に暮らす種類もあり、子どもが小さいときは、親が子どもに餌を運んだり子どもを外敵から守ったりする」

・人工的物理的な情報

C「日本のある画家は、このゴキブリのはねをすりつぶして粉にして絵を描いている。その画家は、この黒光りするはねの感じは、他のものでは代わりにならないと言っている」（架空の内容）

D「このゴキブリはタバコ三本分くらいの重さだが、死んで乾燥するととても軽くなりタバコ一本分くらいの重さになってしまう」（架空の内容）

各々の動物に対して、習性や生態に関する情報と人工的物理的な情報、合計四つの情報を、ランダムに並べて話していきます。A～Dの四つの情報の一つ一つは、細かく見ると二つの情報を含むようにしています。たとえば、アカネズミの習性や生態に関する情報Aは、「林の中で土の中に巣穴を掘るが、ヘビなどに襲われたときに逃げやすいように、巣穴には出口が二つ以上ある」。ここには、「土の中に巣穴を掘る」という情報と「巣穴には出口が二つ以上ある」という情報が含まれています。

子どもたちに動物の実物を見せるのは、脳の〝生物専用情報装置〟をなるべく活性化させるためです。実物を見せながら話をすると、ほとんどの子どもは興味津々の顔をして聞いてくれます。そして、動物についての説明が終わったら、「では、自然教室の本番に入ろう」

といって、先ほど紹介した花植物を探すゲーム、自然教室のだいたい四時間程度のメニューをはじめます。なお、自然教室のプログラム中は、ここで説明した動物については一切話しません。

動物も植物も、習性や生態と組み合わせれば覚えやすい

このような仕掛けをしておいて、自然教室が終わったら子どもたちに集まってもらい、アカネズミ、アオダイショウ、カナヘビ、オオゴキブリという動物名だけを書いた、A５判程度の用紙を子どもたちに配ります。そして、抜き打ち的に次のような依頼をします。

「今日の自然教室をはじめたとき、最初四種類の動物について話をしましたが、それぞれの動物について覚えている内容をできるだけたくさん書いてください。他の人と話はしないで、自分だけで思い出して書いてくださいね」

子どもたちが思い出して書いた内容の結果をまとめたのが図13です。

得点は、A～Dの項目について、それぞれ四点ずつ割り振ります。二つの内容を含んでいますから、片方の情報が正しければ二点、内容にふれているが不完全であったり一部誤っている場合は一点。二つの内容全部が正しければ四点です。

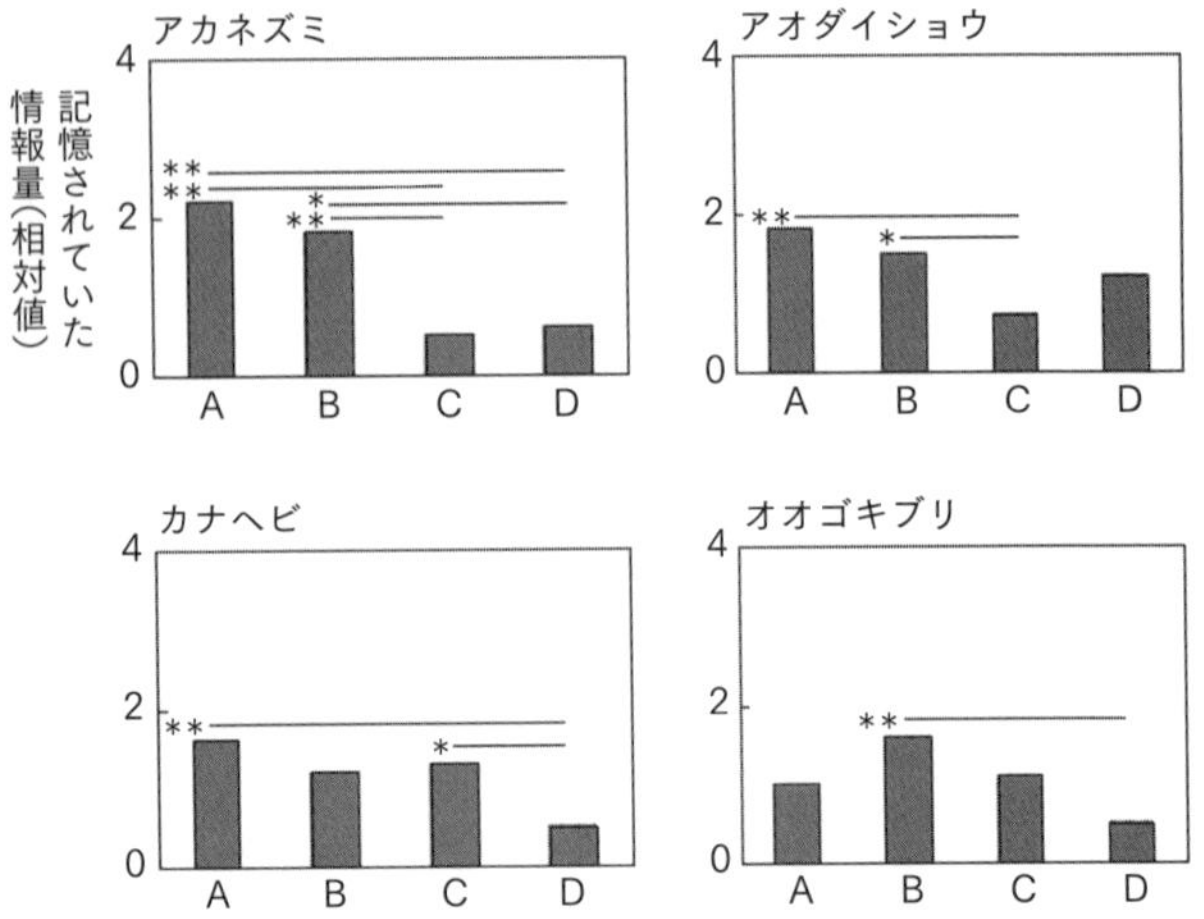

図13　各々の動物についての説明（AB：生態・習性に関する情報、CD：人工的物理的な情報）がどれだけ記憶されていたかを調べた実験の結果
$^{*} < 0.05$, $^{**} < 0.01$（Mann-Whitney U-test）

　たとえば、アカネズミの情報Aで言えば、「林の中で土の中に巣穴を掘る」「穴には出口が二つ以上ある」という二つの情報をだいたい書いていれば「アカネズミAは四点」ということになります。

　そのようにして、各々の情報に対する全員の得点を算出し、それを平均した結果が図13に示されているわけです。

　図13を分析すると次のようになると思います。

（1）アカネズミとアオダイショウについては、習性・生態に関する情報A、Bはいずれも、人工的物理的な情報C、Dに比べ、よく記憶されていた。

（2）カナヘビとオオゴキブリについ

てはA、Bのいずれかが、CおよびDよりもよく記憶されていた。

統計的な判定も行ったうえで、これらの結果が示すのも、これまで見てきた仮説を支持するものと言えるでしょう。ヒトは、動物や植物に関して、習性・生態への強い関心をもっているし、記憶しやすいのです。

ちなみに、日本における、生態展示、あるいは行動展示の草分けである旭山動物園の取り組みがあれだけ人々をひきつけたのは、こうした脳の特性のためではないかと、私は考えています。

動植物の生活を意識させる

では、このような脳の特性は、どのような形で授業や学習に活用できるでしょうか。

私は高校で一〇年以上、生物の授業を行ってきましたが、動物行動学の視点からの学習を意識しはじめてからというもの、実習は、それぞれの生物の生活との関わりを意識させるように実施しました。指導書などでは、スペースの関係などもあったのでしょうが、生物の生活とは切り離された実習手順が組み立てられていたからです。

たとえば、植物の細胞で見られる「原形質分離」と呼ばれる現象の顕微鏡観察は、高校の生物実習の定番です。

原形質分離とは、植物細胞の細胞壁と細胞膜の性質の違いによって起こる現象です。セルロースを主体にした比較的厚くてしっかりした構造の細胞壁は「全透性」という、水に溶けた溶媒も水も通過させる性質があります。いっぽう、脂質を中心とした薄くて柔軟性のある細胞膜は「半透性」という、水は通過させるけれど、溶媒は通過させない性質をもっています。

細胞を、細胞膜内の溶媒の濃度以上の濃度のショ糖溶液に浸すと、細胞内部の水が外に移動し、細胞の体積はだんだん小さくなります。細胞内外で溶媒の濃度が等しくなるように物質の移動が起こるためです。このとき、細胞膜で囲まれた内部（原形質）は柔らかいので抵抗なく体積が減りますが、もともとは細胞膜にくっついている細胞壁のほうは変形しにくいので、原形質の体積の減少についていけず、ある程度収縮すると、細胞膜と離れ、もとの大きさに戻ってしまいます。この状態を顕微鏡で観察すると、細胞壁という〝額縁〟の中に、小さくなった原形質が存在するといった像が見えます。これが原形質分離の状態です。

原形質分離の実習では、しばしばユキノシタの葉の裏面の細胞を使い、その一部を剥ぎ取って、さまざまな濃度のショ糖溶液に浸し、どの濃度のとき、原形質分離が起こるのかを調べます。そのときのショ糖溶液の濃度が、「通常状態のユキノシタの細胞内部の溶媒濃度」ということになります。

二〇年近く前、高校で広く使われていた指導書はとても無味乾燥なものでした。実習の目的として、「①原形質分離を観察することによって、細胞壁と細胞膜の性質を知る。②原形質分離が起こりはじめるショ糖溶液の濃度を特定することによって、通常状態でのユキノシタの細胞内部の溶媒濃度を知る」という内容があげられているだけです。

この指導書内容に、当時の私は、生きた植物の〝生活〟の香りが感じられませんでした。そこでひと手間加えることで生徒の興味を高めようと考えて、次のような工夫をしていました。

（1）春から秋にかけてのユキノシタの細胞内の溶媒濃度と、冬のユキノシタの細胞内の溶媒濃度の値を調べ、両者の値を学生に比較してもらいます。そうすると、たいてい、後者（冬）の値のほうが高くなります。そして、その理由を考えてもらいます。

ここから導かれるのは、「低温の冬、細胞内の溶媒濃度を上げておけば、凝固点が下がり、細胞が凍結しにくくなるためではないか。つまり、ユキノシタという植物の、低温への適応ではないか」という仮説です。

（2）同じ季節でも、ユキノシタの細胞の溶媒濃度と、浜辺の潮風にあたる場所に生息するハマヒルガオやハナナスとでは、細胞の溶媒濃度が異なることを、実験や資料によって確認してもらいます。そして、その理由を考えてもらいます。

ここから導かれるのは、「塩分濃度の高い液体にさらされても原形質分離を起こしにくくするためではないか。つまり、ハマヒルガオやハナナスという植物の、潮風への適応ではないか」という仮説です。

こうした授業方法、実験の結論を一言で言えば、「生物に関連した授業を、野外に出て行う場合にも、室内で行う場合にも、伝えたい内容は、各々の生物の生活(習性、生態)と絡めて提示するほうが、深く届く」ということです。

多様な生物がさまざまな環境に適応している

その他にも、それぞれの生物種の適応的な生活様式を意識させながら、生物現象を学習してもらう実習をいろいろ考えました。

当時、所属していた岡山県高等学校理科部会の会報誌や生物学専門誌に、「〝生物の生活〟を背後に感じさせる生物実習の開発」という記事を書き、その中で、ヤドカリやシロアリ、ワラジムシなどの、それぞれの動物の生活に沿った行動を題材にした実習の実践を報告しました。

余談ですが、当時の私はまだ、生物に関連した授業は、各々の生物の生活と絡めて提示するほうが子どもたちに深く届くということを、とくだん認識してはいませんでした。ただ、直感的または経験的に、習性や生態と絡めることがとても重要であると感じていたのです。けれど、当時、京都大学教授で、日本動物行動学会の初代会長をされていた日高敏隆先生がよく言われていた言葉にとても共感していたことも、私を、〝生物の生活〟を背後に感じさせる生物実習の開発の方向に向かわせたのだと思っています。

日高先生は、DNAの構造や働き方の一般的法則の解明のような、分子生物学的研究こそが生物学を進展させるという、当時の風潮の中で、たえず次のような内容の主張をされていたのです。

「確かにDNAはとても重要ではあるけれど、生物についての理解を深めるうえで、それにも劣らず重要なことは、地球上の実に多様な生物が、独自のDNA暗号を進化させて、さまざまな生活環境に適応している、その実体である」

今にして思えば、それは、ヒトの脳の特性に基づいた、われわれが生物を理解することの本質に合致した卓見であったと思います。

第Ⅱ部　科学的知識は、どうすれば身につくか

第Ⅰ部では、進化的適応の産物である学習、あるいは学習を生み出す器官としての「脳」の特性を味方につけて、効果的な学習を可能にする方法について論じました。

現代社会においては、ヒトをめぐる諸々の変化により、われわれが「科学」と呼ぶ思考活動が発達し、学校教育においても、その中心的な役割を占めるようになってきました。そして、第Ⅰ部で述べた進化的適応産物としての学習の特性と、ところどころでミスマッチを起こし、両者が葛藤する場面も出てきました。

第Ⅱ部では、そういった現状について説明し、科学の正体や、現代社会において科学的思考が発達してきた理由、そして進化的適応の産物としての学習と科学的思考とをスムーズにつなぐ方法などについて述べたいと思います。

1　ヒトの脳の情報処理構造としての〝課題専用モジュール構造〟

課題専用モジュール構造

本題に入る前に、まず、ヒトの脳の情報処理構造としての〝課題専用モジュール構造〟についてお話しします。

動物行動学の立場から「学習」を考えるうえでの重要な知見として、脳の〝課題専用モジュール構造〟があります（呼び方は統一されていませんが）。

「ヒトの学習は、生存・繁殖の成功に結びつくようにつくられている一つの性質である」という内容を、具体例をあげながらすでにお話ししましたが、脳の〝課題専用モジュール構造〟は、そういった性質の基盤になる脳の構造でもあります。

「体のつくり」などに比べると、はっきりと見えずつかみどころのないように思える「行動」や「心理」「感情」「思考」そして「学習」といった現象も、結局は、脳という、はっきりとした実態をもつ器官が生み出す働きです。それは、たとえば心臓という器官が生み出す「血液の送り出し」とか、腎臓という器官が生み出す「水分の再吸収や老廃物の排出」といった働きと同じものです。

ヒトとキリンとカンガルーネズミの心臓や腎臓を比較すると、それぞれ、本来の生活環境に適応した、互いに異なった構造をもち、働きにも違いがあります。

たとえば、キリンの心臓では、長い首の先端の、高い場所にある脳に血液を送ることができるように、ヒトやカンガルーネズミの心臓に比べ、心房の壁が厚くなっています。砂漠などの乾燥が激しい場所に生息するカンガルーネズミの腎臓は、少量の水分で老廃物が排出できるようなしくみをもっています。

このような器官の構造や働きの適応性は、脳の構造や働き（行動や心理、感情、思考、そして学習）についても同様に考えることができます。

「ヒトの脳の構造や働き（行動や心理、感情、思考、そして学習）は、ヒト本来の環境のもとでの生存・繁殖がうまくいくように設計されている」

というのが動物行動学や進化心理学が明らかにしてきた知見です。

前置きが長くなりましたが、脳の〝課題専用モジュール構造〟は、脳の特性に関するさまざまな研究成果に、「進化的適応」という概念が息を吹き込んで発展してきた知見と考えてもよいと思います。脳の〝課題専用モジュール構造〟の具体的な内容は以下のようなものです。

サバイバルナイフと万能ナイフ

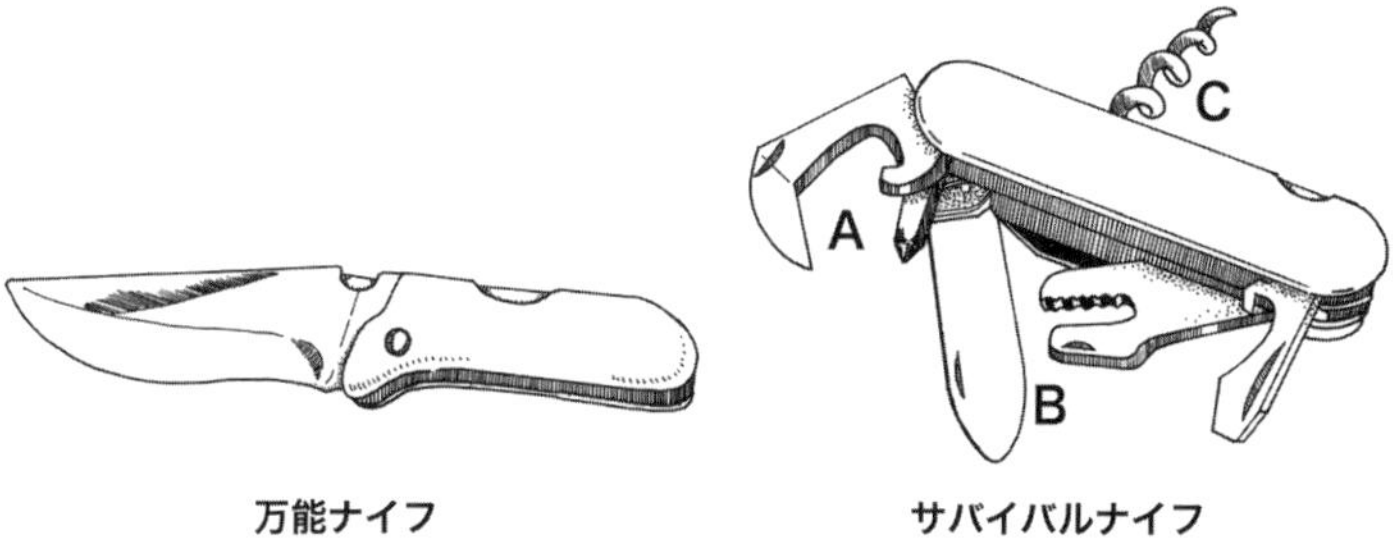

図14　万能ナイフとサバイバルナイフ

ヒト（ホモサピエンス）の脳は、外界の多様な事物・事象の状態や変化を把握できる複雑な構造と働きをもっています。脳は、パソコンにたとえると、「汎用型プログラム」ではありません。

「文書作成」や「図形作成」「表計算」といったさまざまな課題作業を、一つのプログラムが、課題に合わせて器用にこなすようなパソコンではなく、多くのパソコンがそうなっているように、「文書作成」のための専用のプログラム（パソコンならワードなど）や「図形作成」のための専用のプログラム（イラストレーターやキャドなど）、「表計算」のための専用のプログラム（エクセルなど）……といった具合に、課題ごとに、その内容にあった専用のプログラムで対応するような構造になっています。

そのほうが、一つのプログラム（汎用型プログラム）で、さまざまな課題に対処するよりずっと効果的に対処できるからです。

こうした脳の課題専用モジュール構造を、サバイバルナイフと万能ナイフにたとえて説明する研究者もいます。

山や森などで木を切って燃やしたり、料理をつくって食べたり……というアウトドア活動を行うとき、大きめのサバイバルナイフは頼りになりそうですが、片刃かせいぜい鋸状の刃がついているだけのサバイバルナイフで作業をするよりも、さまざまな働きに対応できる形の複数の専門化した刃を備えた万能ナイフ（スイスアーミーナイフが有名です）を使うほうが、全体として、うまく作業ができるでしょう、というわけです。

専用モジュールの働きとは

ヒトは、狩猟採集生活のなかではさまざまな種類の課題に出合ったはずです。食べていくために「食料にする動物や植物の習性や生態の理解、学習」、より便利で快適な生活のために「居住地や道具などを作るための、非生物物体の性質の理解や操作の仕方に関する理解や学習」、パートナーを見つけて子孫を増やしたり仲間をつくるために「同種（ヒト）の心の状態やそれに基づいての自分のふるまい方についての理解や学習」などです。

たとえば、居住地の近くの藪を曲がったところで、突然、ライオンのような猛獣に出合ったとしましょう。そのとき、一つのプログラム（汎用型プログラム）だけしかなかったらどうでしょうか。対象がどんな種類のものなのかを判断し、次々に分析を進めていき、相手の特性についての情報を引き出し、自分はどう行動すべきか（逃げるべきか、動かずじっとしているべきか。逃げるなら、どのような逃げ方をすればよいのか……等々）を、いちいちゼロから割り出していかなければならないとしたら、時間がかかりすぎますから、危険が大きすぎます。

少なくとも、ホモサピエンスの進化的な誕生以来、外界に生息する動物はおおまかに、「虫類」「魚類」「爬虫・両生類」「鳥類」「小型哺乳類」「大型草食哺乳類」「大型肉食哺乳類」といった種類なのですから、それぞれの動物についてのおおまかな分類能力と、それぞれの分類群の性質についての情報を、あらかじめ内蔵した脳内プログラムを備えておくほうがずっと生き延びやすかったでしょう。つまり、専用プログラム（専用ソフト）です。

基本情報が内蔵された専用プログラムを踏み台にすれば、たとえ相手がはじめて出合う動物であったとしても、ゼロからではなく、類推を働かせながらの理解がはじめられるのです。もちろん、「ライオンのような猛獣」に出合ったときも、そのような脳内プログラムがすぐに働けば、素早く、適切な対処行動をとることができるでしょう。

実際、脳内には、生物の認知に専門に働くこうした個別の専用プログラムが存在するという知見が、多くの進化心理学の研究者によって支持されています。当然のことながら、専用モジュールだからと言って単独で働くのではなく、影響はし合っていますが、生物の認知に専門に働くプログラムの性質を調べる研究によって、次のような内容も明らかになっています。

そのプログラムは、生物に共通した特性、たとえば、「草本類とか木本類、魚類、鳥類、獣類といったおおまかなグループに分かれ、さらにそれぞれの分類群はより小さなまとまりに分けられる」「内部に動きの源をもち、その力によって動いたり変化したりする」「同じ種類の生物は、葉や耳がちぎれてしまったり、といった表面的な概観が変化しても、種類自体が変わることはない」「成長して体が大きくなることが多い」「外界から養分を吸収しないと生きていけない」といった情報が、生まれた時点、つまり新生児の時点で、すでにかなり完成された形で備わっている。あるいは、そのときは完全ではなくても、その後、より詳しい情報を加味しながら完成させていくように方向づけられています。

この最後の部分、「詳しい情報を加味しながら完成させていくように方向づけられている」というプログラムは、まさに「準備された学習」と言えるでしょう。

生物専用モジュールには、先述の「ヘビに特異的に反応する脳内神経系」なども含まれます。もうその危険に出合うことなどは滅多にないと考えられる先進国の人々でさえ、精神障害の一つである特定恐怖症の対象に「ヘビ」「クモ」「猛獣」があがる理由も、それらに特異的に反応する神経系がわれわれの脳内には潜在的に備わっていると考えれば、すんなりと合点がいきます。それらの神経系は、生後、実際の、あるいは写真や映像の「ヘビ」「クモ」「猛獣」などに敏感に反応し、知見を増していき、人によっては、特定恐怖症と診断されるほどに恐怖心を感じるようになるのです。

ちなみに、「ヘビに特異的に反応する脳内神経系」は、生後すぐにはヘビに対する恐怖心を生み出しません。ヘビに対する特別な関心を生じさせます。その後、成長とともにヘビへの注目度は上昇し、恐怖心も増加させていくのです。

ヒトの脳は言語専用のモジュールをもっている

同様な視点から、ヒトの脳には、非生物のものに共通した動きや変化の特性を情報として内蔵した「物理専用モジュール」が存在すると考えられています。これは、「重力によって下方へ落下する」とか「バランスが悪ければ傾く」、「物体は、突然消えてしまうことはない」など、物理学を知らない人でも知っているようなことです。

あるいは、同種（ヒト）に共通した心の特性を情報として内蔵した「同種専用モジュール」

も同様です。ヒトは、「喜怒哀楽といった感情を備えている」「そしてそれぞれに対応した表情や声がある」、「自分の思いに従って行動する」「血縁個体は自分を助けてくれやすい」等々です。

ここで、脳の課題専用モジュール構造について、別な角度から、補足も含めて、おさらいをしておきます。

脳の課題専用モジュール構造はもともと、アメリカの認知科学者で哲学者のジェリー・フォーダーや心理学者のハワード・ガードナーといった世界的に有名な学者が提唱した「複数の知能」あるいは「多重知能」という考え方を原型にしています。

かれらは、心理学的な実験などの成果に基づいて、脳の活動の産物としての心（精神と言ってもよいでしょう）が「複数の知能」から成り立っているという考え方を示しました。

その後、その考えに、「進化的適応」という、生物の本質的な概念を取り込んで発展させたのが、進化心理学と呼ばれる分野の開拓者、アメリカの心理学者レダ・コスミデスや、その夫で人類学者のジョン・トゥービーなどでした。

課題専用モジュールの特徴

脳の課題専用モジュール構造についてはモジュールの数や種類、モジュール同士の相互作用の仕方など、まだまだ不明な点も多いですが、これからあげる「五つの知見」については、研究者の間でもほぼ同意を得ていると言えるでしょう。

(1) 重要なモジュールとして、「生物専用モジュール」(生物の基本的情報を前提にして、各々の生物の習性・生態等の理解や学習を担当するモジュール)、「物理専用モジュール」(重力、バランス、運動の基本法則等の物理的基本情報を前提にして、さまざまな物理現象の理解や学習を担当するモジュール)、「同種専用モジュール」(ヒトの感情や心理に関する基本情報を前提にして、対人的なやり取りの理解や学習を担当するモジュール) がある。

(2) 各々のモジュールは、基本的には他のモジュールとは独立して働く。だから、たとえば前方の風景を見て車の運転をしながら(物理専用モジュール)、誰かと、相手の心理も読みながら話をする(同種専用モジュール)ことができる。

(3) 各々のモジュールには、それが専門とする対象の「基本的性質の情報」については、神経の配線としてインストールされている。ただし、それが動き出す時期は、数日後とか数か月後、数年後といったようにさまざまである。また、対象のより詳細な性質を自発的に吸収してモジュールを発達させようとする性質自体も内蔵されている。

（3）の知見については、具体例をあげて少し説明しましょう。

同種専用モジュールの中に含まれる、つまり同種専用モジュールの下位モジュールと考えられている〝言語専用モジュール〟について考えてみます。

一九五七年、『文法の構造』（勇康雄訳、研究社出版、一九六三年）を著し、言語学に革命をもたらしたと言われているマサチューセッツ工科大学のノーム・チョムスキーは、それまでの言語学会において認められていた「言語の習得は、試行錯誤をともないながらの一つ一つの単純な学習の寄せ集めである」という、それまでの認識を一八〇度転換させる仮説を発表しました。

「世界中のどんな言語も、表面的にはさまざまな姿を装っているが、根本的には同一の文法構造をもつ（チョムスキーはそれを普遍文法と呼びました）。普遍文法は、脳内の言語野に、神経の配線としてプログラムされており、そのプログラムが、耳から入ってくる言語に自発的に反応して、普遍文法プログラムのうえに具体的な単語を貼り付けるような形で具体的な姿を現してくる。それが、子どもが話すようになる言語である」

まとめるなら次のようになります。

「言語は、ホモサピエンスに特有の一種の生得的な形質であり、子どもの脳内には、生まれたときにはすでに、言語の骨子である文法情報が内蔵されており、周囲からの言語刺激を、自発的に吸収して、徐々に具体的な言語が姿を現してくる」

世界中の子どもが、内容から考えるとても複雑な、少なくとも因数分解より難しいと思われる「言語」を、短期間のうちに習得できるのはそういった理由があるからだ、とチョムスキーは考えたのです。

現在、チョムスキーの説は、細部で修正はされながらも、ほぼ定説となり、脳内の言語回路の分析や、その設計図となる遺伝子の解析へと研究は進んでいます。

この言語専用モジュールのようなケースが、「対象のより詳細な性質を自発的に吸収してモジュールを発達させようとする性質自体も内蔵されている」モジュールなのです。

自閉症を専用モジュール構造で考えると……

（4）特定のモジュールの不調が、病気や障害といった問題として発現することがある。

たとえば、「自閉症」です。脳の「課題専用モジュール構造」は、これまで原因の本質がはっきりわからなかった内因的な病気の理解に大きな貢献をすることがあります。特定のモジュールのみが働かなくなっていると考えることによって、症状の理解が明快になるという

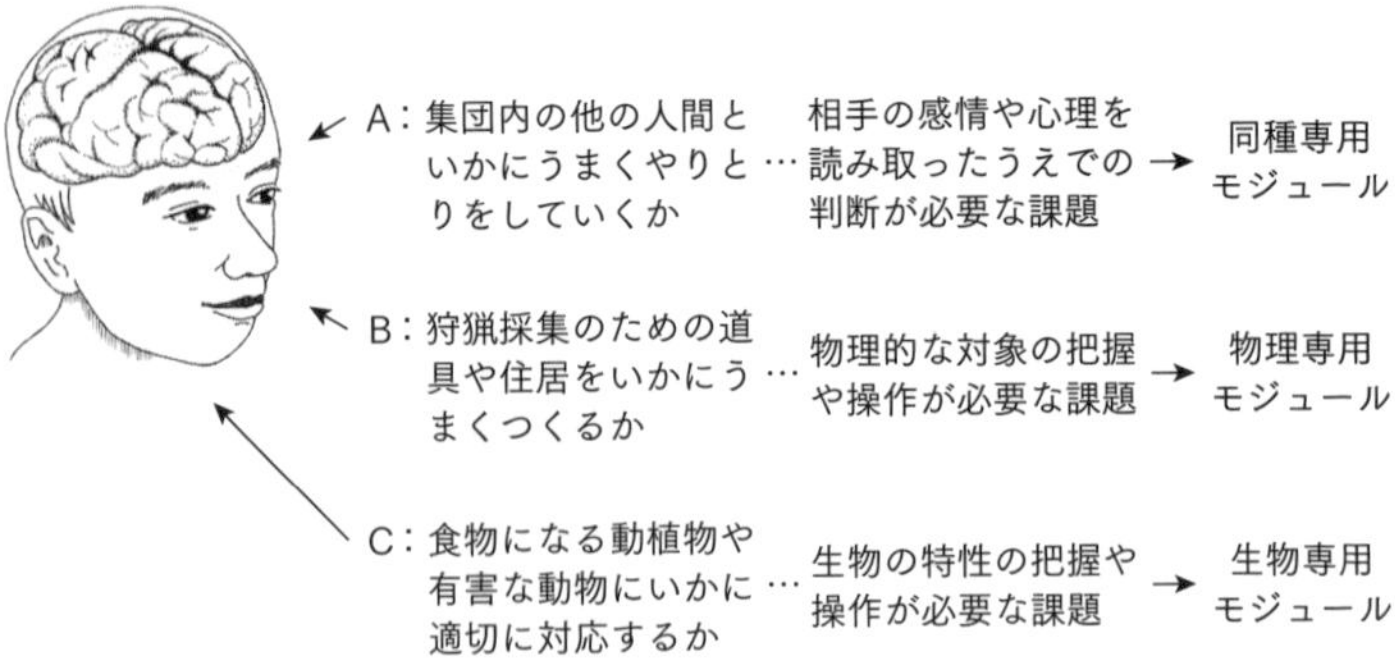
A：集団内の他の人間といかにうまくやりとりをしていくか …相手の感情や心理を読み取ったうえでの判断が必要な課題 → 同種専用モジュール
B：狩猟採集のための道具や住居をいかにうまくつくるか …物理的な対象の把握や操作が必要な課題 → 物理専用モジュール
C：食物になる動植物や有害な動物にいかに適切に対応するか …生物の特性の把握や操作が必要な課題 → 生物専用モジュール

図 15　脳の「課題専用モジュール構造」

ことです。

その一つの例として「自閉症」をあげることができます。

自閉症は、その多様さから、その本質や原因をつかむことがなかなかできないでいました。しかし、脳の課題専用モジュール構造がはっきり姿を現してから、自閉症の本質を、同種専用モジュールの不調、つまり「脳内の該当モジュールに関係する神経配線の障害」と考えることによって、その病気の理解が大きく前進しました。

自閉症の本質は、他の思考に関しては正常なのですが、程度の差こそあれ、「他人の考えていることを理解することができない（理解しにくい）」という点にあり、そこからさまざまな副次的な症状が生じているという明快な認識が生まれたのです。

自閉症と判断された人の中には、物理専用モジュールが特に発達しており、計算や図形の認知・記憶等に驚くような能力を示す人もいます。また、同種（ヒト）以外の動物について、顕著な理解・記憶能力を示す人もいます。

突出するモジュールにはさまざまなケースが見られますが、自閉症は、「同種専用モジュールの不調」を根本に据えることによってよりよく理解できる、という点では多くの研究者が同意していると言えるでしょう。なお、アスペルガーと呼ばれるケースもその一つであると考えられます。

一般的モジュールの働きによる「認知流動」

脳の課題専用モジュール構造について、ここまで四つ見てきましたが、補足も含めた別角度からのおさらいを、さらに続けます。

（5）ヒトの脳の認知活動のすべてが完全な「課題専用モジュール構造」になっているわけではない。特定の対象に特化しない「一般的モジュール」や、専門モジュール同士の間で、相互に情報のやり取りも行われている。

いくら課題専用モジュールの種類、そして一つ一つの課題専用モジュールを構成する下位モジュールの種類が多くなっても、われわれの生存・繁殖にとても重要な、外界の事物・事象のすべてに対応することはできないでしょう。

特に、われわれホモサピエンスが、進化的な誕生（約二〇万年前）の地であるアフリカを出て、ユーラシア大陸へと広がっていったころ、祖先は、さまざまな新しい自然環境と遭遇したはずです。

はじめて出合う事物・事象が増え、縦割りの課題専用モジュールだけによる対処では不十分であった状況で、因果関係の検出等の能力を発達させ、各々の課題専用モジュールの垣根を越えて、さまざまな情報を結びつけて法則を見つけていこうとする機能は、生存・繁殖に重要だったでしょう。

約一〇万年くらい前、人類に「文化のビッグバン」と呼ばれる現象が起こりました。文化のビッグバンとは、狩猟動物の種類に応じた道具の多様化や、ヒトと動物が融合したようなデザインの装飾品の製作等が起こった時期のことです。認知考古学という、進化心理学を考古学に応用した学問分野を切り開いたスティーブン・ミズンは、この現象が、「専門モジュール同士の間での情報のやり取り」によって生じたのではないかと主張しています。ミズンは、認知流動が起こった重要な原因として、「言語の発達」をあげています。言語

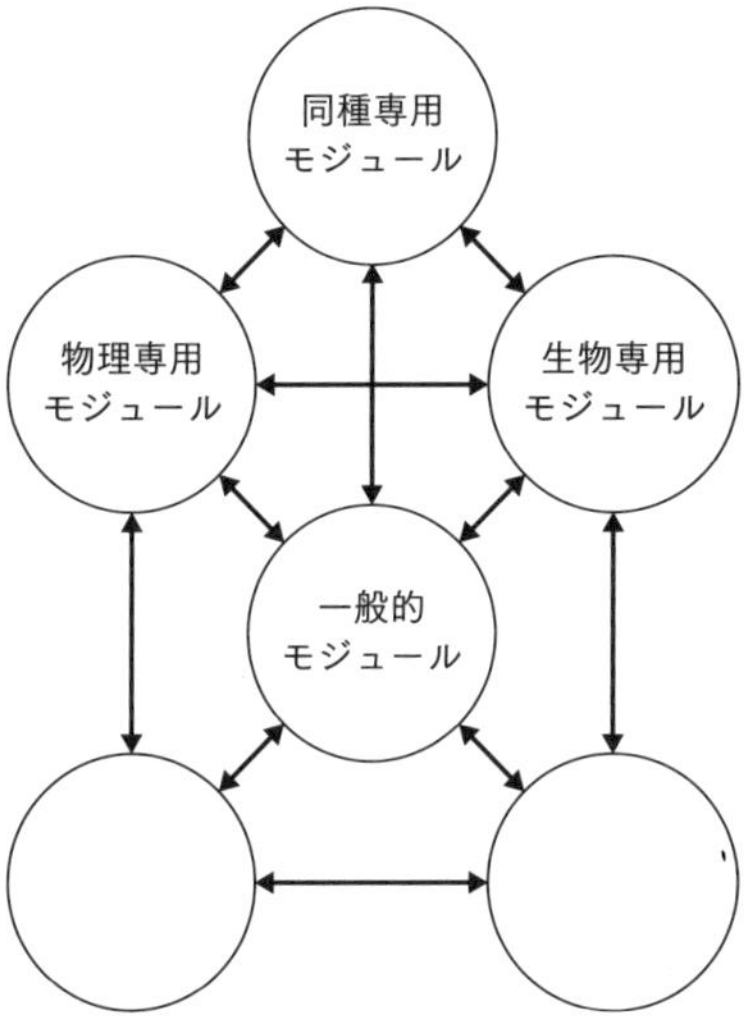

図16　モジュール間の情報のやりとり（認知流動）。⟷ が認知流動を示す

が共通通貨のように働いて、「専門モジュール同士の間での情報のやり取り」を可能にしたのではないかというのです。

いっぽう、分子生物学的手法を用いた考古学の研究からは、言語能力に関与していると考えられている「ＦｏｘＰ２」と呼ばれる遺伝子に変異が生じた可能性があることも示されています。これもちょうど一〇万年くらい前に起こったということです。

要約します。

「われわれの脳内には、課題専用モジュールや、特定の対象に特化しない一般的モジュール同士の間で、相互に情報のやり取り（認知流動）があり、個体がはじめて遭遇する事物・事象にも対応できる脳内機能が備わっている」
これは、現代の学校における教育内容の主要部分を占める「科学的知識・科学的思考力」の学習を考えるうえでも重要になる内容です。

2 課題専用モジュールと「科学的思考・科学的知見」のミスマッチ

科学的知見とは

ここまでホモサピエンスの脳内には、進化の産物としての課題専用モジュールが存在し、それがわれわれの学習活動の特性に大きな影響をもっていることをお話ししました。そして、課題専用モジュールの特性をうまく活用することにより、効果的な学習を成立させることができるのではないか、と提案しました。

いっぽう、現代の学校教育では、その学習内容の中心を占めるのは、われわれが「科学的」と呼ぶ性質の知見です。その「科学的知見」は、ホモサピエンス本来の、「各々の課題専用モジュールが自然に働いてもたらされる知見」とは異なる場合が多くあることもわかってきました。

こう申し上げると、当然、「科学的な知見」とは何か、という点にふれなければならないでしょう。私の考える科学的な知見とは、「再現性があり、検証する作業の繰り返しによって改良されてきた知見である。そして、その進展とともに、物理専用モジュールが深く関与してくるようになる」とだけ、まずは述べておきます。

たとえば、「インフルエンザ」という病気の原因については、「ウイルスと呼ばれる構造体がわれわれの体の細胞内で増殖することであり、そのウイルスは空気の流れにのって人から人へと移動する」という知見があります。

ですが、インフルエンザの別な原因として「自分がなにか悪いことをしたら、一種の罰のようなものとしてインフルエンザなどの病気にもなりやすくなる」という知見も、不可能ではありません。

では、二つの知見を比べると、どちらが科学的知見でしょうか。

悪いことをしたとき明らかに高い確率でインフルエンザなどの病気になるわけではありません。いっぽう、前者のウイルスのほうは再現性があります。さまざまな実験を通して、前者の知見はかなりの程度検証されています。ですので、前者を、より科学的な知見、理解と呼ぶわけです。

本章でまず述べたいことは、「われわれの脳は、狩猟採集生活への適応として、課題専用モジュール構造などに基因する〝理解の特有の傾向〟を備えており、それは、科学的理解を困難にする場合がある」ということです。そして、それが、学校教育において、あるいは現代の社会生活において、ネガティブな状況を生み出している場合も少なくないと私は思うのです。

このような認識は、アメリカの認知科学者D・ギアリーなどを中心にした欧米の研究者から指摘されていることでもあります。私はこの問題は、現在の学校教育を考えるうえで、もっともっと重視されるべき視点だと思っています。

以下、具体的に、学校教育において起こっているネガティブな状況の例を二つほど、ご紹介しましょう。

自然選択という進化のしくみ

まずは、私が専門にしている生物学の分野でしばしば起こるネガティブな状況です。それは、「進化のしくみ」です。

現在、科学的な知見として最も可能性が高いと考えられている「進化のしくみ」は、「自然選択」です。

自然選択説の概略をお話ししましょう。

一つの種の生物の中にも、個体ごとに形質に違いがあり、その違いは、たとえばヒトの場合で言えば、血液型とか、まぶた（二重か一重か）のように、ほとんど遺伝子によって決まっている場合もたくさんあります。そして、このような形質は、親から子へと、遺伝子を通して伝わっていきます。

いっぽう遺伝子によって決められている形質は、遺伝子の突然変異によって変化し、ときには、その生物種において、今までには見られなかったような形質ができあがる場合もあります。もちろんその形質は子どもに、遺伝子を通じて伝わっていきます。そうすると、個体の間で形質の差（個体差）が生じ、さまざまな個体差の中で、繁殖に有利な形質をもった個体がだんだん増えていき、やがて、その生物種の個体はほとんどが、そのような形質を備えた個体になります。

つまり、もとの種の形質が新しい形質に変化するのです。そしてその積み重ねによって新種の誕生になるのです。

たとえば以下は、架空の話ですが、実際に起こり得る状況です。

今まで、ヘビがいなかったオーストラリアの小さな半島の森に、げっ歯類を捕食する習性のヘビ（日本で言えばアオダイショウなど）が侵入し、生息するようになったとします。その半島の森にはヘビの侵入の何千年以上も前から、その地域特有の野ネズミ（ハントウネズミ）が生息しており、かれらの主な捕食者は猛禽類でした。つまり、ハントウネズミたちによる捕食者の検出には、視覚や聴覚が重要だったわけです。

そのハントウネズミの集団の中には、ニオイの感度（ニオイ感覚細胞の数）に個体差があり、とても敏感な個体から、あまり敏感ではない個体までいろいろな個体がいたとします。そのニオイ感度の差は遺伝子の違いによるものでした。

一般的習性として、隠れて静かに獲物に近づいていくヘビが、ハントウネズミの集団に侵入したことによってどんなことが起こるでしょうか。

ヘビのニオイを早めに検出し、その場を離れたり隠れたりする個体のほうが捕食されにくくなるかもしれません。もしそうなると、そういう個体の「ニオイに敏感な形質」の遺伝子を引き継いだ子どもも、それ以外の子どもより捕食されにくくなり、そんなことが何百年にもわたって代々続いていくと、やがてハントウネズミのほとんどがニオイに敏感な個体になるでしょう。そして、もし、ニオイに敏感な遺伝子の個体が、そうでない遺伝子の個体より少し鼻が大きかったとしたら（鼻が大きいほうがたくさんのニオイ感覚細胞を装備できますから）、ハントウネズミは、以前の野ネズミの標本と比較されて、新たに（新種として）ハナビロハントウネズミと命名されるかもしれません。

「自然選択」の観点で考えると、この半島で起こった「ハントウネズミ」から「ハナビロハントウネズミ」への進化の過程は次のような二つの段階に整理できます。

①遺伝子の突然変異が起こり、ニオイ感覚細胞の数が多い個体や少ない個体、中間の数の個体など、さまざまな状態の個体ができる。

ちなみに、ここで重要なことは、ヘビが侵入し生息するようになったからといって、ニオイ感覚細胞の数が多くなる、つまり、ニオイが敏感になる遺伝子の変異が起こりやすくなるということはありません。遺伝子の本体は核酸と呼ばれる巨大な分子であり、その分子が、ヘビが侵入し生息するようになったことを感じとれたりすることはないからです。どんな遺伝子突然変異が起こるかは、偶然によって決まるのです。突然変異はランダムに起こるわけです。

②ランダムに起こった突然変異の中で、そのときの生活環境、つまりヘビが侵入・生息しはじめた森で、生存・繁殖しやすい突然変異を起こした遺伝子をもつ個体が代を重ねるごと

にだんだん増えていく。

この過程が「自然選択」です。

生存・繁殖に有利な形質をもつ個体が、選択的に増えていく、という意味です。「生物の形質の変化は、新たに出現した環境に都合がよいように起こるのではなく、不都合な変化も含め、ランダムな方向に起こる」と言うこともできます。

このような自然選択説「遺伝子のランダムな突然変異→自然選択」という過程が、進化のしくみについての、現在の科学的知見の基礎といってもよいでしょう。もちろん、自然選択説に異論を唱える科学者もいますし、研究の進展にともない細部においては修正も加えられています。しかし、現在、その骨格において、進化のしくみを説明する最も優れた説であることは間違いないと思います。

ちなみに、このように「科学」では、生物現象も、かなり物理学的な因果関係の図式で説明するようになります。これが、先に私が述べた科学的知見の性質：「再現性があり、検証する作業の繰り返しによって改良されてきた知見である。そして、その進展とともに、物理、、、、、、、、、、、、、、、専用モジュールが深く関与してくるようになる」という具体例でもあるのです。

キリンの首が長いのは、祖先が一生懸命首を伸ばしたから？

読者のみなさんは、進化のしくみについての「現在の科学的知見」をどう思われましたか。すっきりとは納得できないと思われる方も少なくないのではないでしょうか。私の講義を受ける学生の中にも、最初は、このような説明だけでは、納得しない、というか、自然選択説の内容が理解できない学生もたくさんいます。

なぜ、進化のしくみについての現在の科学的知見がすんなり頭に入っていかないのか？ここで、生物専用モジュール（！）が登場するのです。「現在の科学的知見」の理解が進まない理由の一つが、ヒトの脳内の生物専用モジュールは、生物の形質の変化に関して、次のように考える傾向があるということなのです。

生物専用モジュールのまず一つ目の特性は、「生物は、周囲の環境が生きにくくなってくると、それに応じて、自らを変えていく能力がある」と考える傾向です。

たとえば「水中から陸に上がった両生類の祖先のような動物は、棲んでいた場所で、水が干上がることが多くなり、それに対処して、だんだんと陸でも呼吸できるような体になっていった」という考えです。

このような説明は、進化に関連した内容を扱うテレビの番組などで、しばしば耳にするものです。「かれらの生存を脅かす環境変化でしたが、性質を進化させることによって乗り越えたのです」といったたぐいの説明です。こういった説明は、それを聞く側にとってはすんなり納得できる気がします。それは、われわれの脳内の生物専用モジュールに備わっている認知特性「生物は自らを変えていく能力がある」に合致するからなのでしょう。

でも、このような説明は、自然選択という現在の科学的知見に反するものなのです。

生物専用モジュールの二つ目の特性は、「ある生物が、その生涯の中で学習したことや、よく使って発達した体の部分などは、その子どもに伝わっていく」と考える傾向です。

その特性のせいで、「ある植物の実を食べて腹部に激しい痛みを感じ、その実が危険なものであることを学習した動物の子どもは、誰に教えられなくてもその実を危険とみなすようになる」と考える傾向があります。また、「高い木の葉を食べるために、毎日、一生懸命、首を伸ばして過ごしてきた動物の首は、そうしなかった個体より長くなり、その子どもの首は、生まれたときから、そうしなかった個体の子どもの首より長い」と考える傾向があるのです。

このような考え方は、科学の歴史の中では、「獲得形質の遺伝」と呼ばれ、現代科学においては、否定されています。エピジェネティクスと言う科学的に認められている作用によって、獲得形質の遺伝のような現象が、数世代のみ続くことを示す研究報告も最近出ていますが、いずれにせよ、進化の方向を決める主要な力にはなり得ていません。

このように考える傾向は、「遺伝子の変化をともなわず、脳や体の学習によって起こった変化は子どもには伝わらない」という、現在の科学的知見に反するものなのです。

こういった生物専用モジュールの特性と考えられる思考傾向は、今でも狩猟採集を生活の一部にしている自然民や、先進国の都市の子どもでも認められる傾向であり、子どもばかりではなく、大人にも認められる傾向であることがわかっています。

ホモサピエンスが適応した狩猟採集生活の中では、脳が、このような思考傾向を備えていたほうが生存・繁殖に有利だったのかもしれません。

真上に投げたボールに働く力

こうして、生物専用モジュールの一特性が、「進化のしくみ」の理解に関して、学校教育において起こっているネガティブな状況を生み出していると私は考えています。

課題専用モジュールによる理解と科学的に正しい理解とが一致しない場合に話を移しまし

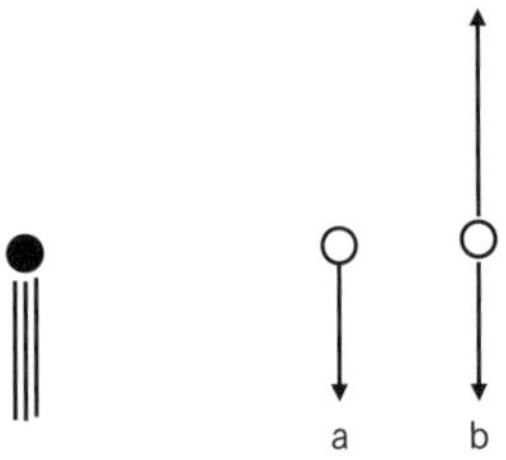

[redacted]

図 17　真上に投げた物体に働く力。左側は地面から垂直方向へ投げられて上方向へ動いている物体を示す。右側の a, b は、上方への移動中の物体に加わっている力の状態を示しており、２つの選択肢が示されている。科学的に正しいのは a であるが、b と答える人（高校生や大学生）が圧倒的に多い。

ょう。たとえば「真上に投げた物体に働く力」についてです。

物体に働く力について、一般的なとらえ方は、「その動きに影響を与える作用」ということになります。では、図17をご覧ください。

図17は、真上に投げられた「物体」に働いている力は、図のａの方向か、ｂ方向か、という問題です。この質問を高校生や大学生にしたところ、ｂと答える人が圧倒的に多いという結果が得られています。

しかし、科学的な知見ではａです。上昇中のボールであっても、物体に働いている力は「重力」だけなのです。物体は、力が働いていないときでも少しの間は運動（上昇）を続けますが、常に働いている「重力」によって、じきに戻ってきてしまいます。これがいわゆる「ＭＩＦ（Motion Implies a Force）概念」と呼ばれる、誤概念の例です。ｂのように考えると、月に行くロケットはつくれません。

多くの高校生や大学生がｂのように間違えてしまう理由は、ヒトの脳内の物理専用モジュールに、「物体が動いている場合には、動いている方向に常に力が働いている」や「反対向きに力が働く場合もあるが、その場合は、力が強いほうに動く」という思考傾向が備わっているからではないかと推察されます。

おそらく、ヒトの脳が適応した本来の狩猟採集生活の中では、生存・繁殖に重要な、物体の動きと力が絡み合う現象のほとんどは、地面の上での、物体に常に力がかかるような状況で起こる出来事だったのではないでしょうか。ヒトが、獲物や丸太などを引っ張って斜面を移動したり、ヒト同士が押し合いをしたり、木が倒れたり岩が転がって、居住物を動かしたり、壊したり……のような。「空中を動く物体に作用する力」といった事柄についての知見は、まず、必要なかったのでしょう。

このような誤認の事例も、物理専用モジュールの特性が、学習の中で生み出しているネガティブな状況ではないかと思います。

ヒトが理解するとは

さて、ここまでは、「脳の課題専用モジュールと科学的知見の間のズレ」について、特に、学校教育を意識して説明してきましたが、以下では、学校で学ぶ子どもたちばかりではなく、われわれ大人も、日常生活の中で起きている、あるいは、科学活動の進展にともなって起きつつある課題専用モジュールと科学的知見の間のズレについて、少し詳しくお話ししたいと思います。その中には、単一の課題専用モジュールだけの問題ではなく、課題専用モジュールが互いに影響を与え合いすぎて起こる、科学的知見とのズレもあります。

ちなみに、以下の一連の話の中で、先に、科学とは、「再現性があり、検証する作業の繰り返しによって改良されてきた知見」であると書いた「科学の本質」についても私の考えを述べたいと思います。

まずは、われわれの各種課題専用モジュールが、外界の事物・事象について理解する脳内ではどんなことが起こっているのか、についての話からです。

私はこのテーマについて以下のような見解をもっています。

ヒトによる事物・事象の理解というのは、結局のところ、言語で表せば三種類についての情報を得ることである。
①現在や過去の状態の把握「何が、いつ、どこで、どのように、どうしている」
②因果関係の把握「〜だから…になった」
③仮定や未来の把握「もし〜なら…だ」
そして、われわれの脳内の各種の課題専用モジュールはすべて、それぞれの分野で、このような三種類の様式で事物・事象を把握しようとしている。

悪い出来事を「神の罰」と感じる理由

これだけ述べても何のことかわからないと思いますので、一つ例をあげてみます。

ある村で、次のようなことが起こったとします。

村の、ある山の斜面でがけ崩れがあり、最近、村に帰ってきたある男性が、がけ崩れに巻き込まれて大怪我をし病院に運び込まれました。その男性は、亡くなった父親が所有していた山の一画にレジャー施設をつくろうとして、重機を入れて木々をどんどん伐採しており、それは、村で大きな話題になっていました。がけ崩れが起きたのは、その工事現場の真ん中の斜面でした。

その出来事が村の人たちに伝えられたとき、村人たちの脳内ではどんな活動が起こるでしょうか。

まず、物理専用モジュールでは、「事故の場所はどこか」、「何が、どのように、どの程度崩れたのか」といった①に属する情報（現在や過去の状態）を吸収しようとし推察を試みるでしょう。

それから、「なぜ、山の一画が崩れたのか。木が切られてしまっていたため雨で地盤が崩れやすくなっていたのだろうか。工事用の重機がそのあたりを通り、斜面に加重がかかって崩れやすくなっていたのか……」といった②に属する情報（因果関係）も吸収しようとし推察を試みるでしょう。

そのうえで「もしがけ崩れで道が塞がっていたとしたら、どうやって町に行けばよいのだろうか」といった③に属する情報（仮定や未来）も吸収しようとし推察を試みることもあるでしょう。

脳の同種専用モジュールではどうでしょうか。同種専用モジュールでは、以下のような情報を自発的に求め、推察をはじめるのではないでしょうか。

「男性の怪我はどれくらい深刻なのだろうか。激しく痛む怪我なのだろうか。これからの生活に支障をきたすほどの怪我なのだろうか。本人はどう思っているのだろうか」（①状態の把握）

「どうして男性は、がけ崩れに巻き込まれてしまったのだろうか。兆候に気がついて逃げようとしたけれども間に合わなかったのだろうか」（②因果関係の把握）

「もし男性が、レジャー施設に躍起になりあれほど激しく斜面の木々を切ったりしなければ、がけ崩れで大怪我をすることはなかったかもしれない。怪我が治って退院できたら、工事のやり方を変えるだろうか」（③仮定や未来の把握）

①から③のような、ヒトに影響を与える事物・事象の理解に関して、心理学者ジェシー・ベリングは、著書『ヒトはなぜ神を信じるのか――信仰する本能』（鈴木光太郎訳、化学同人）の中で、次のような主張をしています。

ヒトが神の存在を信じるのは、対人的な出来事以外にも、たとえば、物理的な事物・事象に関しても、同種専用モジュール（特に、他人の心を読み取ろうとする思考特性）が強力に働いてしまうためではないか。天災による被害や宝くじの〝当たり〟などの背後に、他人の意図を感じてしまい、その「大きな力をもった他人」を、神と呼んでいるのではないか。

つまり、ヒトは、世の中の自然や人工物の動きを見たとき、それらの対象自体の中に、同種であるヒトの意図を感じたり、それらの動きの背後にヒトのようなものの意図を感じてしまう性質を、生得的にもっていると主張しているのです。

このような現象は、擬人化やアニミズムといった認知様式にも似ており、前述のスティーブン・ミズンの唱えている認知流動説、つまり物理専用モジュールと同種専用モジュールなどの異なった課題専用モジュールの間では情報の交換が行われるという内容によって説明できます。

本来、物理専用モジュールや生物専用モジュールが担当する事物・事象の情報が、同種専用モジュールへも流動していくと考えられるのです。

「悪いことをしたら、それへの罰としてインフルエンザに感染しやすくなる」とか、「(最近、村に帰ってきたある男性が、がけ崩れに巻き込まれて大怪我をしたのは)男性が、山の一画にレジャー施設をつくろうとして、重機を入れて木々を激しく伐採したことへの罰だったのかもしれない」といった思いも、出来事の背後に、他人の心、意図を読み取ろうとしてしまう同種専用モジュールが働いてしまうからだというわけです。こういった脳の特性が、「大いなる力をもつ神」を信じさせる理由であり、それが、科学的知見とは違った解釈を生み出しているわけです。

おそらく、このように他人の心を感じてしまう脳の活動は、一般的モジュールや物理専用モジュールが深く関与する科学的思考の活動とは独立しており、両者は、脳内で同時に起こってしまう活動ではないかと思われます。だから、われわれは、たとえ科学者であっても、いっぽうで科学的思考を行いながら、同時に、「これは自分のあの行為に対する罰かもしれない」といった思いを、どうしても感じてしまうのではないでしょうか。

科学の進展によって変化したこと

私は、拙著『ヒトの脳にはクセがある——動物行動学的人間論』（新潮社）の中で、次のような点を指摘しました。

科学とは、ヒトが外界の物体や生物やヒトが、なぜそのような状態にあるのか、つまり、先にあげた、①現在や過去の状態の把握、②因果関係の把握、③仮定や未来の把握、の中の、特に②について理解しようとすることからはじまり、実験などによって検証し、外界の出来事を、因果関係的に、より矛盾なく説明できるようにする行為です。そしてその進展とともに物理専用モジュールの関与がより強まってきます。

石器時代というホモサピエンスの初期の狩猟採集生活の時代、ヒトは、たとえば、雲が空を覆って暗くなりはじめると、次に雨が降ってくることをいく度も経験し、なぜそうなるのか考えたでしょう。

当時は、もちろん、雲の正体が水蒸気であることや、雨とは雲の水蒸気が、ある程度の大きさの水の粒になったものであることもわかってはいませんでした。太陽の正体もわかっていませんでした。

因果関係を求める脳は、「雲が太陽を覆って雨が降る」という物理現象を、物理専用モジュールだけではなく、同種専用モジュールも働かせて考え、次のような理由を考えたかもしれません。

「大きな力をもった〝ヒトのような存在〟が、何かに怒り、雲によって光をさえぎり天から水を落とすのだ」

この解釈は、現在の分類から言えば、原初的な宗教と呼べるような思考と言えるでしょう。ジェシー・ベリングが『ヒトはなぜ神を信じるのか』で行った主張は実に的確だと思います。

いっぽう、現代科学は、「雲が太陽を覆って雨が降る」という物理現象の因果関係を、物理専用モジュールだけで説明します。

もちろん完璧な説明には達しません。科学が完璧な説明に至ることはけっしてありません。科学とはそういうものです。しかし、検証作業の繰り返しと、文章や数式による記録によって、より完璧な内容に近づいていきます。

科学の進展は、「生物に関する現象」や「同種（ヒト）の心をめぐる現象」についても、それらの因果関係を、「物理専用モジュールで理解しようとする動き」を生み出す傾向があるようです。たとえば、現代科学では、感情の動き方を、「脳内の神経系の活動」という物理的な出来事の結果として説明しようとします。また、先にお話しした「進化のしくみ」という生物学的現象についても、進化という現象を生物専用モジュールで捉えながらも、そのしくみ、つまり因果関係については、遺伝子を中心とした分子の動きとして、物理専用モジュールのやり方で説明しようとしています。

課題専用モジュールが生み出す知見が科学を理解しづらくする

このように見てくると、宗教も科学も、「なぜ、そうなるのか」という因果関係を求めるヒトの自然な、そして強い欲求から生まれた〝双子〟と言ってもよいでしょう。

「科学」においては、各々の現象を、まず、それぞれに適応した課題専用モジュールが捉え、その因果関係を理解するために、いっぽうで検証作業によって追究しながら、他方で物理専用モジュールの領域で説明しようとする。「宗教」においては、同種専用モジュールも混ぜ合わせて説明しようとし、検証的な作業はほとんど行わない。――そんな理解が可能だと思います。

石器時代のわれわれの祖先たちも検証作業はやっていたと思われます。罠で動物を捕るとき、失敗と考察、改良を繰り返しながら、動物の種類ごとに、よりよい罠の構造や仕掛ける場所などを見出していったでしょう。その作業の中には明らかに、「結果を見て、予想を修正する」という検証作業が含まれていたと思われます。もちろん、そのいっぽうで、先に述べたような「現象の背後に大いなる力や意図を感じとる」という、宗教的な思考もしばしば行っていたでしょう。

このような「科学的思考と宗教的な思考を同時に行う」という状況は、現代を生きるわれわれにも確実に起きていることです。もちろん、現代の科学は、ヒトの脳の性能を駆使する、複雑な仮説予想や検証実験を迫られ、そこから得られる知見も、かなり複雑になっていることは確かですが。

けれど、たとえば、「超自然的な力」といった言葉で呼ばれるような宗教的な知見が、科学的な知見の学習にネガティブに働く場合もあるのです。

環境センスと分類学の起こり

さて、科学活動の進展にともなって起きつつある「課題専用モジュールと科学的知見の間のズレ」として、もう一つ、生物専用モジュールと科学的知見の間の興味深いズレをご紹介しましょう。

ヒトは魚類（のようなもの）を見れば「魚（か、その仲間）」と考える、つまり生物専用モジュールは、ヒトの脳内に、「魚（という言葉で示される一群の動物）」の存在を感じさせますが、近年、進展した科学的分析が明らかにした知見は、「魚（という言葉で示される一群の動物）」は存在しないことを示しています。

どういうことか、説明しましょう。

アメリカの進化生物学者キャロル・キサク・ヨーンは、近著『自然を名づける――なぜ生物分類では直感と科学が衝突するのか』（三中信宏ほか訳、NTT出版）の中で、そのあたりの状況を興味深く描いています。

ヨーンは、ヒトに生得的に備わっている生物専用モジュールが、さまざまな生物にふれることによって生み出す生物観、つまり「地域、文化などの違いによらず、ホモサピエンスならかなり共通している生物観」を「環境センス」と呼んでいます。

少なくとも二〇世紀前半までの分類学者は、自分たちの生物専用モジュールに、たくさんの野生生物の姿を入力することで、「環境センス」を洗練、発展させていきました。

生物専用モジュールが〝直感的に示してくれる声〟に基づいて、生物同士の関係を決めていたのです。そういった作業の結果、一つの種として認知された生物は、次には、互いに近い関係のもの同士にまとめ上げられ（近代の分類学の父、カール・フォン・リンネ式の分類によれば「属」にあたるグループ）、さらにそのグループは、他のグループと関係付けられ、もっと大きなグループへとまとめ上げられていったのです。

たとえば、オジロワシとオオワシは一つのグループ（*Haliaeetus*）にまとめられます。オオタカとハイタカは一つのグループ（*Acipiter*）に、ハヤブサとチョウゲンボウは一つのグループ（*Faclo*）に。同様に、アカゲラとオオアカゲラは一つのグループ（*Picoides*）に、アオゲラとヤマゲラは一つのグループ（*Picus*）に……という具合です。

次に、*Haliaeetus*（オジロワシとオオワシ）と*Acipiter*（オオタカとハイタカ）と*Faclo*（ハヤブサとチョウゲンポウ）は「タカ科」にまとめ上げられ、*Picoides*（アカゲラとオオアカゲラ）と*Picus*（アオゲラとヤマゲラ）は「キツツキ科」にまとめ上げられます。

これらの動物は「分類の階層」を上げていくと、「鳥類」に分類され、さらに階層を上げれば「脊椎動物」にまとめられます。

分類学者は、その磨かれた生物専用モジュールを働かせて、自分が専門とする生物の分野(鳥類だとか魚類とか、昆虫類とか)の分類を進め、同じ分野を専門とする分類学者たちと、分類をめぐる妥当性、つまり誰の分類が適切かについて議論しました。

人類の自然観は普遍的という見解と科学

現代でもまだ狩猟採集を、生活の一部に残しているような〝自然民〟の自然観を調べた人類学者たちは、かれらの生物の分類について興味深い事実を見出していました。

それは、「さまざまな地域に暮らす自然民の生物分類の基本的な構造がほぼ同じであり、さらにそれは、博物館や大学の研究者による分類の基本構造と同じである」ということでした。

ほとんどの〝自然民〟は、「魚」や「鳥」、「哺乳類」、「木」、「蔓植物」、「草」などの分類群を示す言葉をもち、さらに「脊椎動物」といった上位の階層の分類群の概念や「顕花植物」といった下位の階層の分類群の概念ももっていました。

分類学において「種」のレベルに分類された生物群は、〝自然民〟においても、最も基本となる分類群として認知されていました。

このような事実を前に、進化的適応という視点をたずさえた人類学者は、「ホモサピエンスという動物が生物専用モジュールをもち、そのモジュールが生物の世界を認知する様式は、地域や文化の違いを超えて普遍的だ」という見解に確信をもったのでした。ちなみに、現在、生物専用モジュールは、大脳の側頭葉の上側頭溝《じょうそくとうこう》と側部紡錘状回《ぼうすいじょうかい》と呼ばれる領域内に存在すると推察されています。

さて、問題はここからです。

分類学者が、さまざまな生物にふれながら生物専用モジュールを洗練させ、そのモジュールが〝直感的に示してくれる声〟に基づいて分類するやり方が、近年になって、他の分野の科学者から批判されるようになってきたのです。

その理由は、「伝統的な分類学者の分類の仕方には客観的な根拠が欠けている」というものでした。

たとえば、外見はよく似た一二種類のカミキリムシについて、近いもの同士を集めてグループ分けをするとしましょう。その場合、何を基準にして近いもの同士を決定していくのか。触角の構造、前肢第二節の棘の数、生殖器の形状……、比較できる形質はいろいろあるでしょうが、客観的なルールは分類学には存在しないのです。「どういった形質を基準にするか、どういった形質を重視するか」についての判断は、各々の分類学者の〝生物専用モジュールからの声〟、つまり「直感」にかかっているのです。そして、分類の細部については、個人の〝生物専用モジュールからの声〟は必ずしも一致しなくなるのです。

そうなると当然、「分類学者の主観のみが大きく影響し、客観性、科学性に欠ける」という批判も出てくるというわけです。

いっぽう、そんな状況の中で、ある手法が、科学的な分類法として現れてきました。その典型的なものは、それらカミキリムシ一二種がすべて共通してもっている遺伝子の塩基配列を比べる、という手法です。その遺伝子とは、たとえば呼吸酵素の一つであるチトクロームと呼ばれるタンパク質の遺伝子などです。その手法は、分子系統解析と呼ばれることもあります。

現代進化理論の示すところでは、祖先種から、時間の経過とともに分化して新種ができるときに起こることは、「遺伝子を構成する塩基配列の変化」です。

塩基にはA（アデニン）、T（チミン）、G（グアニン）、C（シトシン）の四種類があり、その配列が遺伝子の情報を形成します。たとえば、血液型を決める遺伝子が「ATTAGCGCCATCTAGA」だったら血液はB型になるとかいったことです（実際には、塩基配列はもっともっと長く続きますが）。

そして、そういった生物の形質を決める遺伝子の塩基配列が変化すると、たとえば、先の「ＡＴＴＡＧＣＧＣＣＡＴＣＴＡＧＡ」の上から五番目の「Ｇ」が「Ｔ」に変わって、「ＡＴＴＡＴＣＧＣＣＡＴＣＴＡＧＡ」のように、形質が変化することもあります。

先のカミキリムシの例で言えば、チトクロームの性質に、わずかな差が生ずることもあるのです。進化的に、あるいは分類学的に、互いに近い種類のカミキリムシ同士ほど、チトクロームの塩基配列に差が少ないと考えることは、客観的に、あるいは科学的に合理的です。

新しく現われた「科学的な分類法」とはこのように、共通の遺伝子の塩基配列を比較するという方法なのです。

肺魚に近いのは鮭か、牛か

さて、この手法を用いて実際に生物の分類を行ってみると、困ったというか、意外な知見が得られはじめました。それは、アメリカの進化生物学者ヨーンが「環境センス」と名づけた、生物専用モジュールが生み出す〝直感的な分類〟と、科学的な分類手法によって現われてきた分類との間に、いくつかの点で大きなズレが見られたということです。

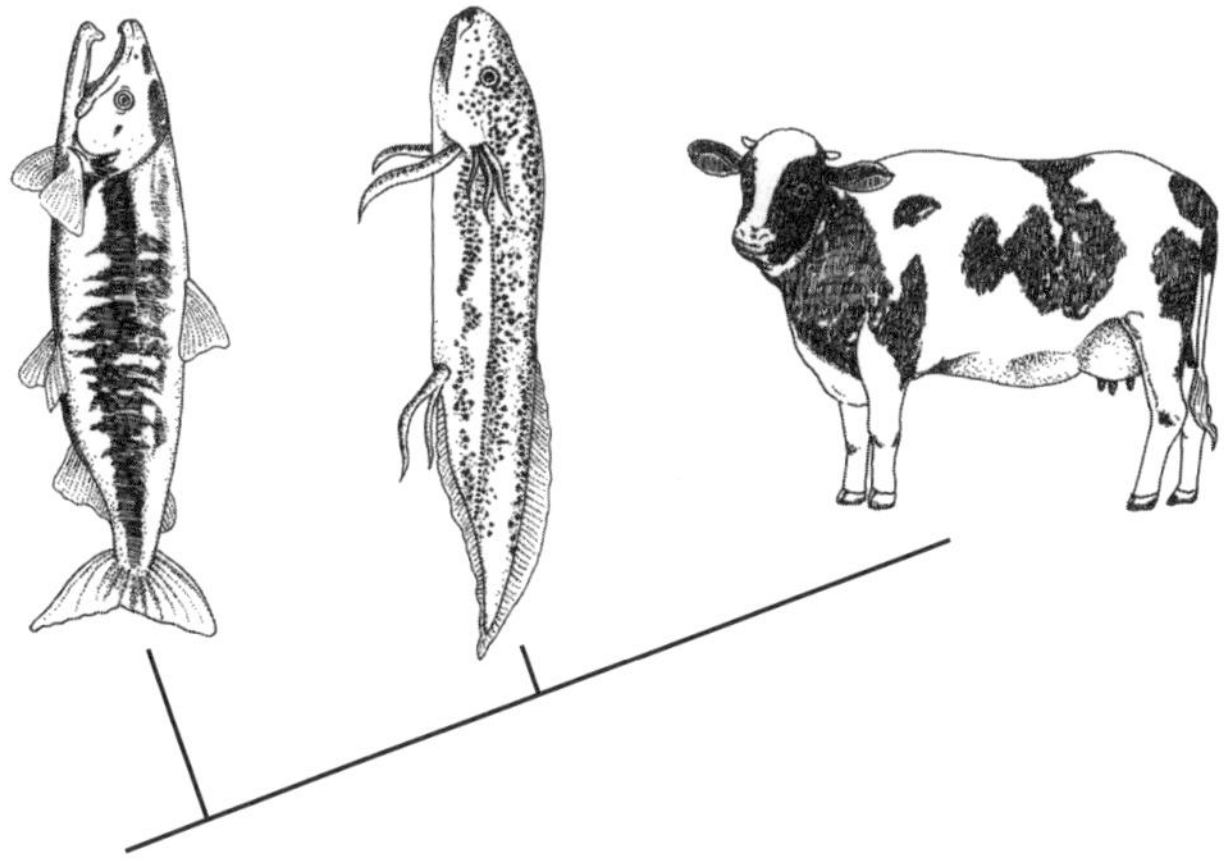

図18　分子系統解析による鮭・肺魚・牛の系統樹

たとえば、鮭と肺魚と牛の分類学的関係を考えてみましょう。肺魚とは、必要に迫られると水中から陸上に上がって、肺のような器官を使って空気呼吸をしながら地表を這いまわることもできる両生類のような魚です。

生物専用モジュールは、鮭と肺魚が、より近い関係にあり、両者は牛とはかなり離れた関係にあると、われわれに訴えるでしょう。しかし、科学的手法による解析はそうではないのです。それは「肺魚と牛のほうがより近い関係にあり、鮭は、両者とは離れた分類学的関係にある」ことを示すのです。

進化的な歴史を科学的に、客観的に分析すると、実際に、「肺魚と牛のほうがより近い関係にあり、鮭は、両者とは離れた分類学的関係にある」と考えたほうが、正しいようなのです。

そこには、外見からでは知ることのできない知見が存在するのです。つまり、生物モジュールが生み出している〝魚類〟という認識の産物は、科学的には実体を失ってしまうことになるのです。

ヨーンは、その事実を、「ほんとうの進化的類縁関係に基づくならば、肺魚と牛は近縁であって、鮭は遠縁になる。常識は覆された。……〝魚類〟は実在する分類群ではない」と書いています。ちなみにヨーンは、生物モジュールによる〝魚類〟というグループの認識の、ヒトの日常生活における重要性も十分に認めています。

さて、本章を終えるにあたって、「ヒトの脳に一次的に備わっている課題専用モジュールの構造からどうして、それが生み出す内容と対立することもある科学思考が発展してきたのか」という点についての私の考えを簡単にお話ししておきます。それが、次章の話にも関わってくるからです。

私は先に（129〜130ページ）、脳のモジュール構造の研究において推察されている以下のような知見を紹介しました。

「われわれの脳内には、課題専用モジュールや、特定の対象に特化しない一般的モジュール同士の間で、相互に情報のやり取り（認知流動）があり、個体がはじめて遭遇する事物・事象にも対応できる脳内機能が備わっている」

この一般的モジュールは、各々個別の課題専用モジュールの間で、情報を相互に流動させながら（各々の課題専用モジュールから総合的に情報を吸い上げながら）、因果関係を探っていくという性質をもつと考えられていることもお話ししました。

科学は、この一般的モジュールが中心となって、「仮説→検証→仮説の改善→仮説→……」という手順を進める思考活動であり、科学が社会に広まっていったのは、このような思考活動を積極的に行う個体が社会的に成功を収めることが徐々に増えてきたからではないでしょうか。

こんな言い方もできるでしょう。

ホモサピエンスの適応的進化においては、本来の主要な適応として遺伝的に生み出された機能ではなかったものが、ホモサピエンス自らが変化させていった環境の中で、だんだんと重要性を増していき、その思考活動に力が注がれるようになっていった。

Face book にたとえて次のようなイメージを思い浮かべていただいてもよいでしょう。

最初は限られた人々の間での情報交換のために、ＳＮＳの個別な機能を組み合わせてつくられていたシステムが、ＳＮＳの技術の進展や、若者を中心とした人々のニーズの変化とともに、大きな働きをする可能性が生じ、当初は思ってもみなかった発展を遂げた。「仮説→検証→仮説の改善→仮説→……」という思考活動は、言語や数式、分析機器（顕微鏡や電磁波測定器など）や記録媒体（本やデジタル記憶媒体など）の発展、利用可能エネルギーの増大（石油石炭など）といった環境の変化とも相互作用しながら、人々の願いを達成するうえで大きな力になってきたのです。

3　課題専用モジュールによる理解と科学的理解を、どのように結びつけるか

原初の環境センスは自然なこと

では、「課題専用モジュールの理解と科学的理解のズレ」をどのように解消するか、その方策について、理論的な基盤も意識しながらお話ししたいと思います。私のささやかな提案と考えてください。

本題に入る前に、まずは、次の点を確認しておきたいと思います。

私は、たとえば〝魚〟という概念を捨てること、つまり日常生活を送るわれわれの脳の中から、課題専用モジュールの〝声〟を排除し、外界を科学的知見だけで認識する状態に近づけることは、ヒトの精神の健康にとってよくないことだと思います。

そもそも、われわれの脳は、そんな試みに強力に抵抗し、その試みが成功することはないでしょう。課題専用モジュールは、二〇万年弱の歴史をもち、脳内の神経系に、さらにその遺伝子の暗号に深く根をはっているからです。

少し誇張して言えば、課題専用モジュールの活動を抑えることは、ホモサピエンスの基本的な精神世界を壊すことでもあります。生物としてのまとまりをもった認知世界を失うことにもなるからです。

かと言って、いっぽうで、数万年前の、われわれの祖先と同じような認知世界、科学的知見が現代ほどには存在しなかったころの認知世界に戻ればいいとは、もちろん思いません。

私は、課題専用モジュールが直感的にわれわれに訴える解釈と、現代の科学的知見がわれわれに教えてくれる説明の両方を、同時に脳内に走らせればよいと思うのです。

前述のヨーン氏も著作の最後で、「科学の向こう側にあるもの」と題した章で、次のように書いています。

科学は確かに独自のやり方で生き物の体系化を推し進めた。分類学者たちは一貫して証拠を求め、生物のＤＮＡの配列情報をつなぎ合わせ、……そのうえで、進化史のみに基づく生物分類を構築した。精密で明確に定義され、一切の異物を除去したこの分類は……これまでには考えられなかった世界中の生物を理解できるようになった。これを勝利といわずしてなんと言えばいいのか。しかし、それしかないと考えてしまったのは私の間違いだった。……全人類は〝魚類〞をこれまでも認知してきたし、これからも認知し続ける……それらが自然に湧き上がる感情のように強力な支配力を及ぼすのは、人間としての長い伝統、つまりヒトのもつ原初の環境センスの賜物である。

つまり、こういうことです。

生物学者であっても物理学者であっても、たとえば父親が亡くなったとき、墓の前で手を合わせ、〝科学的にはもう存在しない親〞に、「今日までほんとうにありがとう」と思い、「これからも見守ってください」と呼びかけることはあって当然です。水面がきらめく川の中を、灰色の細長い生き物が体を揺らして移動するのを見たら、遺伝子を専門にする分類学者であっても、「あっ、魚だ！」と思ってもいいのです。エンジニアが、青く澄み渡る空を、白い小さな飛行機が、ゆっくりと旋回しながら飛んでいくのを見たとき、「飛行機が気持ちよさそうに飛んでいるなー」と感じても、それは自然なことなのです。

けれど、同時にそれぞれの脳内では別の知見、たとえば「科学的に、父はもう存在しないんだ」「科学的には、魚という分類群は存在しないんだ」「飛行機は航空機燃料を燃焼させて飛翔の推進力を生み出しているんだ」という知見が生じている、ということです。

課題専用モジュールの〝声〟をもったまま、科学的な知見を忘れないようにする。そのうえでわれわれは、「仮説↓検証↓仮説の改善」という手法を繰り返して、科学的知見を積み上げていけばよいと思うのです。

数万年前の祖先と、現代のわれわれが違うのはそこです。課題専用モジュールが訴えてくる知見については、数万年前の祖先も、現代のわれわれも大きくは違わないでしょう。いっぽう、当然のことながら、科学的知見については、祖先と現代人の両者でかなり異なっているでしょう。

脳のモジュール構造を考慮し科学的知見を学習する

さて、本題に入りましょう。

脳のモジュール構造も考慮したうえで、教育の基本となる科学的な知見を、よりスムーズに学習するための手法としてどんなことが考えられるでしょうか。

以下は、私の、経験も踏まえたうえでの試論です。

基本的な戦略は二つです。

一つ目は、「認知流動をうまく利用し、該当する事項の学習に適した課題専用モジュールの助けも借りて伝えること」、二つ目は、「脳の特性に立脚し、好奇心や興味をかき立てたうえで、一般的モジュールを利用して伝えること」です。

すでに述べましたが「認知流動」は、専門モジュール同士の間での情報のやり取りのことです。

先に「課題専用モジュールが生み出す知見」と「科学的知見」とのズレの例としてあげた「進化のしくみ」を取り上げて、どのようにして科学的知見に導いていくかを具体的に述べてみたいと思います。実際に私がやっている方法です。

その前に、ちょっと復習しておきましょう。「進化のしくみ」の科学的知見として、私は、以下のように説明しました。

一つの種の生物の中にも、個体ごとに形質に違いがあり、その違いは、遺伝子によって決まっている場合もたくさんある。そして、このような形質は、親から子へと、遺伝子を通して伝わっていく。いっぽう遺伝子によって決められている形質は、遺伝子の突然変異によって変化し、ときには、その生物種において、今までには見られなかったような形質ができあがる場合もある。そうすると、個体の間で形質の差（個体差）が生じ、さまざまな個体差のなかで、繁殖に有利な形質をもった個体がだんだん増えていき、やがて、その生物種の個体はほとんどが、そのような形質を備えた個体になる。つまり、もとの種の形質が新しい形質に変化する。そしてその積み重ねによって新種の誕生になる。

これは「自然選択説」と呼ばれるしくみで、まとめると「遺伝子のランダムな突然変異↓自然選択（生存・繁殖に有利な形質の個体の増加）」という過程の繰り返し、ということになります。

もう一つ復習しておきます。科学的知見に対して、生物専用モジュールが直感的にわれわれに感じさせる進化のしくみは次のようなものでした。

生物は、周囲の環境が生きにくくなってくると、それに応じて、自らの形質を変えていく。そして、新しい形質を備えた新種が生まれていく。

科学的知見と生物専用モジュールの知見を比較するとおわかりになると思いますが、最も異なった点は、「生物の形質の変化は、ランダムに起こり、その中で適応したものが選択される」のか、それとも「必要に迫られた方向に向かって起こるのか」という点です。

科学的理解に、物理専用モジュールの助けを借りる方法

さて、一つ目の戦略は、進化という生物現象の科学的な理解に、物理専用モジュールの助けを借りるということです。それも、われわれの物理専用モジュールが得意とする簡単な図形の認知という作業を借りるということです。

ちょっとカッコつけて言いすぎましたが、たとえば、図19を用いて説明するのです。

この図19は、「遺伝子の変異（形質の変異）はランダムに起こる」ということと、「生存・繁殖に関して、環境に適応した形質の個体が選択されて増えていく」ということの科学的知見を、図形によって説明したものです。

この第II部の「2　課題専用モジュールと「科学的思考・科学的知見」のミスマッチ」で、ヘビがいなかった小さな半島の森に、げっ歯類を捕食する習性のヘビが侵入し、その結果、ハントウネズミに起こった進化という話を例にしましたが、その科学的因果関係を、図19を利用して説明してみましょう。

まず、図19の左端の「それまでの環境」というのは、「ヘビがいなかった半島の森」ということになります。

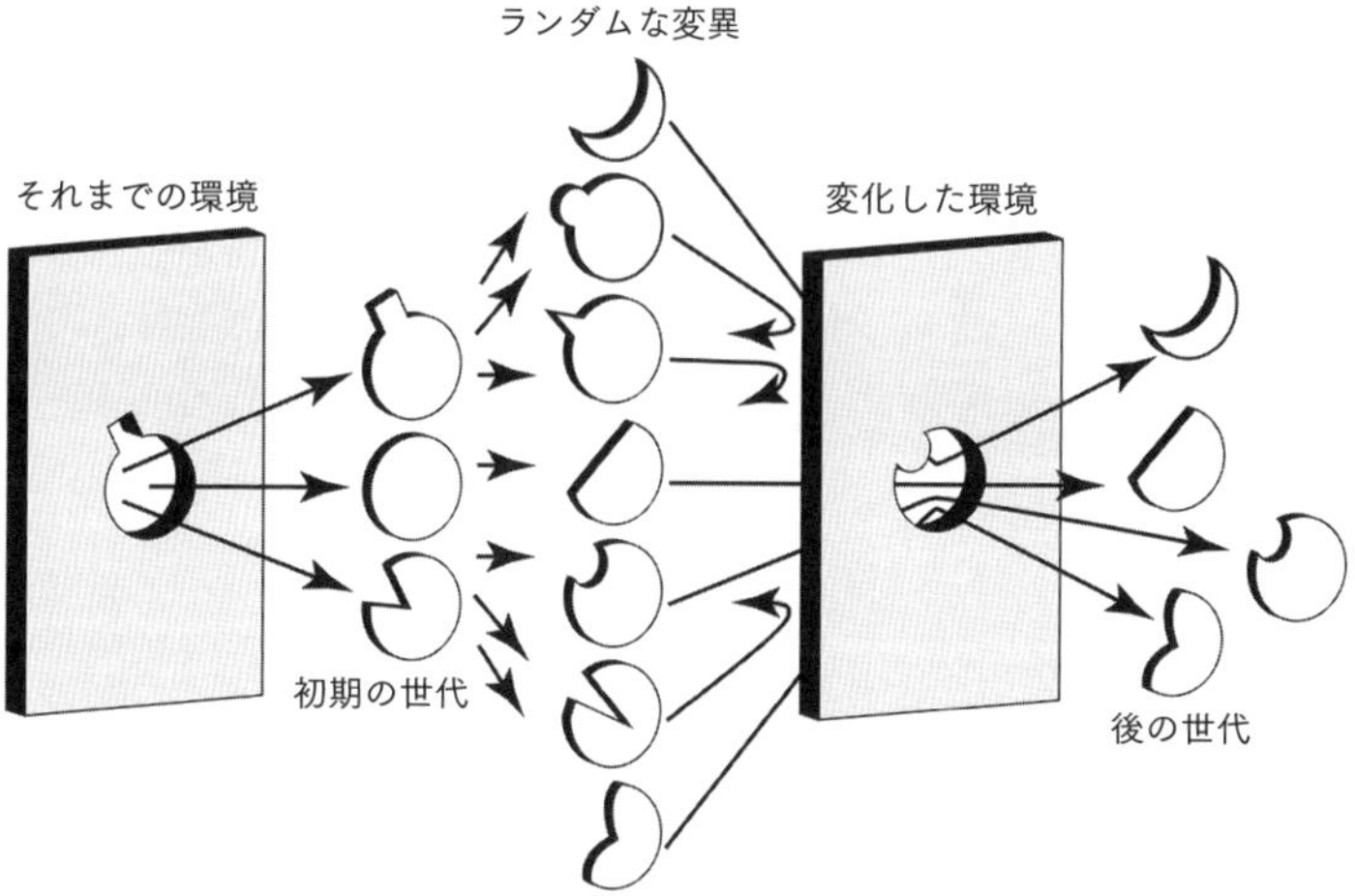

図19　ランダムな変異と適応した個体の選択の図解

そこでは、生存・繁殖がうまくできていた個体の中でも、常に遺伝子にランダムな突然変異が起こっていますから、さまざまな形質の子孫が生まれていました。そんなとき、げっ歯類を捕食するヘビが侵入し生息するようになったのですが、その新しい環境を示すのが、右端の「変化した環境」です。

すると、その新しい環境でうまく生存・繁殖できる形質の個体、この場合だと、ニオイに敏感で、隠れて獲物をねらうヘビを、襲われる前に検知できる個体が、生き延びて子どもを残すことができます。つまり、選択されるということになります。

授業後に学生たちに書いてもらう感想・質問用紙の内容から判断した私の経験から

言うと、この図によって、「ランダムな変異↓生存・繁殖に有利な個体の選択」という自然選択説のイメージを、それまで理解していなかったうちの少なからぬ学生たちが、感覚的につかんでくれるようです。

この図は、私がオリジナルにつくったものではなく、かなり前に、雑誌か書籍で見つけて(申し訳ありませんが、出典は忘れてしまいました)、少し修正を加えて授業で使いはじめたものです。

私は、この方法を、「生物現象の理解に、物理専用モジュールが得意とする簡単な図形の認知という作業を借りている」と解釈しています。いかがでしょうか。

生物専用モジュールの助けを借りる方法

ある分野の課題専用モジュールに属する科学的知見の学習に、他の分野の課題専用モジュールを利用することが効果的なケースには、いろいろなケースがあると思います。「擬人化」もその一つです。

藤原サヤカ・サヨコ『カラダはみんな生きている』(祥伝社)では、ヒトの体内の臓器や細胞などの機械的な働き(主に物理専用モジュールが分担)について、各々の対象を擬人化して(つまり同種専用モジュールの助けを借りて)、その働きを印象深く、効果的に理解させるというやり方が試みられています。

たとえば、免疫を担うヘルパーT細胞やキラーT細胞、NK細胞、胸腺、骨髄などがそれぞれ、「自分では闘わない戦闘部隊の司令官」「突っ走ったら止まらない突撃部隊」「こう見えて自立している体内のパトロール隊」「幼いヘルパーT細胞の教育係」、「骨の中にいる血液や免疫のビッグママ」といった具合に、器官や細胞を人に見立てた絵とともに説明されています。

生得的な物理専用モジュールは、現代科学の知見にしばしば見られるような、物体の複雑な動きの理解を苦手としているように思われます。石器時代の狩猟採集生活では、物体の複雑な動きの理解はそれほど必要なかったのかもしれません。

いっぽう、石器時代の狩猟採集生活ではあっても、相手の心も読み取りながらの複雑な対人的なやり取りは必要であったでしょうから、同種専用モジュールは、比較的発達していたのではないでしょうか。もしかすると石器時代は、現代よりももっと「心の読み取り」の必要に迫られていた可能性が高いでしょう。そのあたりに、「物体の動きの説明を、微妙なニュアンスの違いを匂わせながら説明する同種専用モジュールが助けることができる理由」があるのかもしれません。

物体の状態や変化についての説明においても、しばしば同様のことが見られます。たとえば、車やパソコンの状態について、「過重で悲鳴をあげている」と表現することがあります。宇宙の起源について、「もともとある親宇宙の空間内の小さな領域で、子宇宙が誕生し、やがて孫宇宙が誕生する」は、宇宙の誕生に関する超弦理論の表現の一つです。

各々の課題専用モジュールをしっかり成長させておき、対象に合わせて、他のモジュールの活動にも助けを借りることが、脳のモジュール構造を踏まえたうえでの、科学的な知見の、よりスムーズな学習につながるのではないでしょうか。

肉じゃがのつくり方で、タンパク質の生産を教える

他の分野の課題専用モジュールの利用は、一般的には「比喩（メタファー）」と呼ばれる表現手段ですが、私が授業でよく使い、学生からも評判のよい比喩を一つあげます。

173ページの図20をご覧ください。

遺伝子に書かれてある情報をもとにして、実際にタンパク質が生産されるしくみは、科学的には、次のような知見として表現できます。

「遺伝子（DNA）の遺伝情報（塩基の配列）が、m-RNAに転写され、転写された情報を

たずさえたm－RNAがリボソームに運ばれ、そこで、t－RNAが情報を読み取ってその情報に基づいてアミノ酸を集め、集められたアミノ酸が順序に従って結合してタンパク質ができる」

この科学的知見の学習は、少なくとも、それをはじめて学ぶ学生には、なかなか理解できない、あるいは記憶できないらしいので、私は以下のようなたとえ話によって、その概略を示します。

インターネットなどまだ普及していないころのことです。

大学に入って一人暮らしをはじめ、家庭料理が恋しくなったmくんとtくんは、〝肉じゃが〟をつくろうということになりました。しかし、二人とも〝肉じゃが〟など、自分でつくったことがなく、そのつくり方がわかりません。

二人は相談して次のような方法を考えました。それぞれ役割分担をします。mくんは、大学の図書館へ行って、たくさんの料理のレシピが書かれている分厚い本をめくり、「肉じゃがのつくり方」というページを開け、その部分だけを自分のメモ用紙に書き写しました。それから、そのメモをもって、tくんのアパートに行きました。

ｔくんは、肉じゃがに使われる可能性がある野菜や肉、調味料などを揃えて待っていました。ｍくんがやってくると、ｍくんが写してきた「肉じゃがのレシピ」に従って、台所で作業を進めていきました。「二人分では、ジャガイモ三個を、それぞれサイコロ大に切って鍋に入れ、しょうゆ大サジ三杯、砂糖大サジ二杯……」

そして、レシピのとおり作業をして、めでたく肉じゃがができました。

さて、このとき比喩としての、「遺伝子（ＤＮＡ）」「ｍ－ＲＮＡ」「リボソーム」「ｔ－ＲＮＡ」「アミノ酸」「タンパク質」にあたるのは、それぞれ何でしょうか。

では、答えです。

「料理本の中のレシピのページ」（設計図）が「遺伝子（ＤＮＡ）」です。「ｍ－ＲＮＡ」は「ｍくんのメモ」です（転写）。「リボソーム」は「ｔくんのアパートの台所」。「ｔ－ＲＮＡ」は「ｔくん」。「アミノ酸」はタンパク質の材料ですから「肉じゃがに使われる材料」。完成した「肉じゃが」が「タンパク質」ということになります。

こういう比喩を使って説明すると、学生たちは、遺伝子の情報から実際のタンパク質がつくられる過程の要所を理解しやすくなるようです。授業後の感想・質問用紙には、「肉じゃがのたとえがわかりやすかった」という内容が多く書かれています。

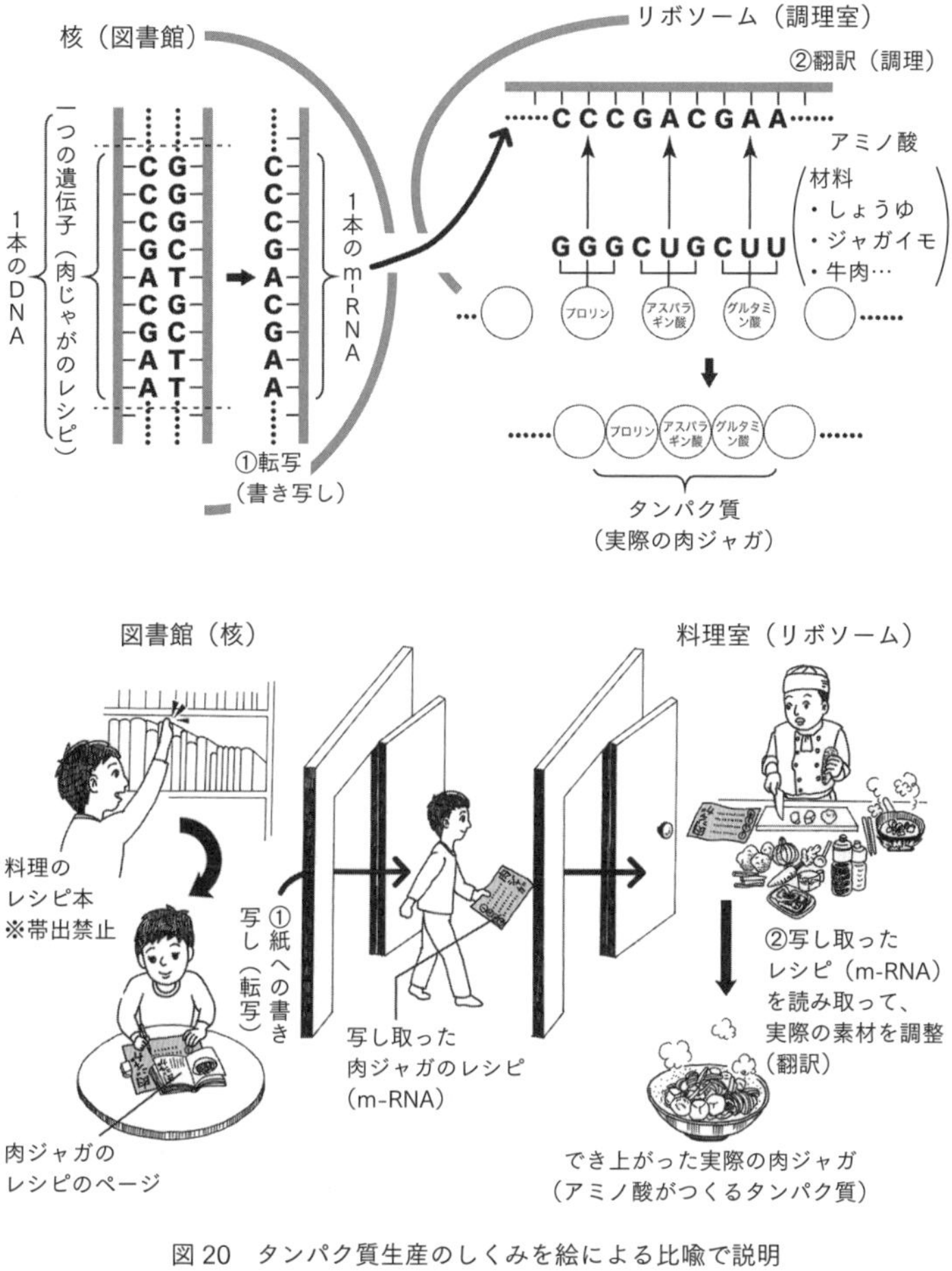

図20　タンパク質生産のしくみを絵による比喩で説明

私はこういった比喩を生物関係の授業の中でよく使います。特に、説明する内容が、込み入った物理的現象である場合には、比喩は効果的だと思っています。

実を言うと、この比喩を考えている時間は、私にとっても楽しい瞬間です。よい比喩を思いつくと早くしゃべりたくなってしまいます。

別の分野の課題専用モジュールにあてはめ新しい発想が生まれる

これはつまり、ある課題専用モジュールの分担内容を、別な分野の課題専用モジュールにはめ込んでみることによって、前者では出てこない新しい発想が生まれることがあるということではないでしょうか。心理学者ハワード・ガードナーや認知考古学者スティーブン・ミズンは、「比喩」を創造力や芸術と深く関係した脳内活動と考えました。

私は先に、以下のような推察をしました。


ヒトが、ある事物・事象について理解するということは、突き詰めれば、次のような三種類の情報を得ることである。
①現在や過去の状態の把握「何が、いつ、どこで、どのように、どうしている」

②因果関係の把握「〜だから…になった」
③仮定や未来の把握「もし〜なら…だ」

われわれの脳内の各種の課題専用モジュールはすべて、それぞれの分野で、これら三種類の様式で事物・事象を把握しようとしている、と私は考えています。この三つの推察に加えて、図形認知機能（図19）を利用して、ハントウネズミとヘビのケースにあてはめてみましょう。つまりこれは、生物現象である「進化のしくみ」を物理専用モジュールで説明するケースです。

ポイントの一つは、生物専用モジュールでの把握（「ヘビがいなかった森」という環境が、「げっ歯類を餌にするヘビが侵入し定着した森」という環境に変化したこと）を、板の穴の形の変化に置き換えることです。「ニオイをより敏感に検出する形質のハントウネズミが、割合を増していった」という生物専用モジュールでの把握が、「板の穴の形が変化したため、そこを通過できる物体の形が変化した」という物理専用モジュールでの把握に置き換えられます。

これは物理専用モジュールが得意とする把握様式であるため理解しやすいですし、また、これを利用すれば、生物専用モジュールが苦手とする「自然選択説という進化のしくみ」の説明に、かなり自由にアプローチできます。

図形の操作次第では、いろいろな思考実験をしてみることも可能です。このやり方なら、生物専用モジュール内の発想ではなかなか出てこない内容を生み出す可能性もあるでしょう。もちろん、思考実験で思いついた内容は、実際の生物専用モジュールの知見に戻されて検討されることになります。

異なる課題専用モジュールで事物・事象を把握するために用いる「比喩」は、科学的アイデアにインスピレーションを与える場合もあるようです。アインシュタインは、バイオリンの名手でもあり、音楽に対する感性に優れていたようです。彼は自分の業績について述べた文章の中で、「相対性理論の完成に、バイオリンのメロディーが大きな助けになった」と述懐しています。

私は、こういった事情が、科学的知見の理解や学習には、比喩が有効である理由の一つではないかと考えています。

脳の特性に立脚し一般的モジュールを使う

科学的な知見のスムーズな学習に効果的な手法（戦略）の二つ目「脳の特性に立脚し、好奇心や興味をかき立てたうえで、一般的モジュールを利用して伝えること」についてお話しします。

私は大学の講義で、自然選択説を理解してもらうために、ＮＨＫ制作の、「ＮＨＫスペシャル」として放映された「ウイルスの逆襲」という番組の中の一部の映像を使っています。その一部の内容とは次のようなものです。

一九〇〇年代前半、オーストラリアでは、以前、人間が持ち込んだアナウサギが野生で大繁殖し、作物に大きな被害を与えるようになっていた。人々は、柵を設置して耕作地への侵入を防いだり、トラクターでアナウサギの巣穴をつぶしたりして対策を行ったが、被害はいっこうに減少しなかった。

そんな中、アナウサギだけに感染して死に至らしめるミクソーマウイルス（兎粘液腫《うさぎねんえきしゅ》病原体）の存在を知り、そのウイルスを、捕えたアナウサギに感染させて野生に放すという対策がとられた。すると、ウイルスは、野生のアナウサギに徐々に広がっていき、地域一帯に、アナウサギの死体が散在するまでになる。

これでアナウサギは全滅か、と思われたが、そうではなかった。ミクソーマウイルスに耐性になったアナウサギが現われ、その後、少しずつ数を増やしてきた。

ミクソーマウイルスに耐性になったアナウサギの体内からは、ミクソーマウイルスの細胞への接着を防ぐタンパク質も見つかっている。遺伝子の変化が起こったのである。

ミクソーマウイルスに感染し死んだアナウサギが散在する状況を記録したフィルムもあり、番組で流されますが、ちょっと悲惨な光景です。耐性になったアナウサギが増えましたが、同時に、ミクソーマウイルスの毒性の減少も起こっていたと推察されます。最後の映像では、夕日をバックに、数匹の愛らしいアナウサギが平原の一画に動いています。

さて、私は、この映像を見せた後、次のような話をします。

まず、人が、ミクソーマウイルスを野に放つことによって、アナウサギが生きる環境は、「ミクソーマウイルスがいない環境」から「ミクソーマウイルスがいる環境」へと変化しました。

いっぽう、アナウサギに起こった、ささやかではあるが明らかに進化の本質である「新しい環境に適応した、つまりミクソーマウイルスに耐性となる形質への変化」は、けっして、すぐには起こったわけではありませんでした。数十万匹以上のアナウサギが九九％以上死んでしまうまで起こりませんでしたから、アナウサギが全滅してしまう可能性もあったでしょう。

ということは、「生物は、周囲の環境が生きにくくなってくると、それに応じて、自らを変えていく能力がある」という考え（生物専用モジュール）は間違っているということではないでしょうか。どうでしょうか？

そう学生に問いかけます。

これは特定の対象に特化しない一般的モジュールが活動する場面だと思います。一般的モジュールが、物理専用や生物専用といった課題専用モジュールからの情報も入力しながら、事実をもとに因果関係を探り、次のような考えを導くでしょう。

「突然変異は、適応する方向を向いて積極的に起こるのではない。ランダムに起こるのだ」

このように、科学的知見を理解するためには、ときには、狩猟採集生活では有利であった課題専用モジュールからの声（生物専用モジュールによる「周囲の環境に応じて、自らを変えていく能力がある」という認識）と、はっきり対決させることも必要だと思います。

ただし、「モジュール同士を対決させるための話題」は、学習者にとって、興味の湧く内容でなければ、対決には勝てないと思います。なぜなら、対決に勝つためには、学習者は、話題に関心をもって一般的モジュールをしっかり働かせてくれなければならないからです。ぼんやりとした一般的モジュールの思考では、生来備わっている認知の傾向であり、実力のある課題専用モジュールには勝てないのです。

そういう意味で、私は、ＮＨＫスペシャル「ウイルスの逆襲」の中の一部の映像を選んだのです。この映像の中には、進化のしくみに関する生物専用モジュールの声に勝てる内容が、わかりやすい形で含まれていることはもちろん、アナウサギという魅力的な動物、ヒトの生活、一見残酷な行為、絶滅の縁から回復、といった話題が、見る側をひきつけるような映像や音楽とともに配置されています。

もちろん、その映像さえ見せればよいというのではなく、それを、授業の中で、うまく使いこなす、こちらの話し方や問いかけ方、授業の組み立て方などにも工夫が必要でしょう。それも含めて、「脳の特性に立脚し、好奇心や興味を駆り立てたうえで、一般的モジュールを利用して伝えること」ということです。

以上が、科学的な知見のスムーズな学習に効果的な手法（戦略）の二つ目です。

前述のD・ギアリーは、私が本書でお話した課題専用モジュールの能力を生物学的一次能力（biological primary ability）、科学的知識の理解を生み出す能力を生物学的二次能力（biological secondary ability）と呼び、生物学的二次能力を必要とする現代の学校教育での学習と、生物学的一次能力が生み出す知識のズレを指摘しています。まさに私が、第II部で述べたことです。

ギアリーは、また、私がそうしたように、「両者をスムーズに結びつける学習手法」についての議論も行っています。ただ、ギアリーは、その有効な学習手法については、具体的には何も述べていません。科学者として大切な〝慎重さ〟をしっかりと守っているのかもしれません。

私が先にご紹介した二つの提案は、科学的な研究結果を十分にたずさえて行ったものとはいえません。私自身の経験も踏まえた推察が多分に含まれたものです。でも、ヒトの学習活動について、進化的適応という視点から理解を深め、よりよい学習方法を考える分野が進展していくうえでは、あえて、私のような大胆な理論づけや具体的な提案をする研究者も必要なのではないかと思っています。

生物学的一次能力と二次能力

最後に、ＳＮＳに代表されるような、物質や情報の知識や操作、つまり、生物学的二次能力の必要性に迫られている現代を生きるわれわれ（特に子どもたち）にとっての、生物学的一次能力の重要性を指摘して本書を終わりにしたいと思います。

『進化発達心理学――ヒトの本性の起源』（無藤隆監訳、新曜社）を著したアメリカのＤ・Ｆ・ビョークランドとＡ・Ｄ・ペレグリーニは、ギアリーたちの研究も踏まえて、その著書の中で次のような一文を書いています。

「生物学的二次能力は、生物学的一次能力を基盤として形成される能力である」

そうなのです。科学的知見の理解力、科学的思考力といった、生物学的二次能力はあくまでも、生物学的一次能力（個々の課題専用モジュール）の働きに支えられて生み出されていくものです。そのためには、脳にとっての本来の環境である、自然の中での生物や土や水などにもしっかりふれ、脳の基盤をつくる構造（それが生物学的一次能力、あるいは課題専用モジュールです）がしっかりと成長していなければならないことは言うまでもないでしょう。

また、最近急速に発達しているデジタル技術を用いた学習ソフトでも、できるだけ生物学的一次能力を味方につけるようなデザインになっていれば、その効果はより大きいと思われます。

フランスの神経学者S・ドゥアンヌは、ヒトに生得的に備わっていると考えられている、簡単な計算も含めた数量的処理能力を、二次的な能力につなげるための「ナンバー・レース」と呼ばれるコンピューターゲームを考案しています。

このゲームは、四〜八歳の子どもを対象にしたもので、競争に勝つためには、二つの金貨

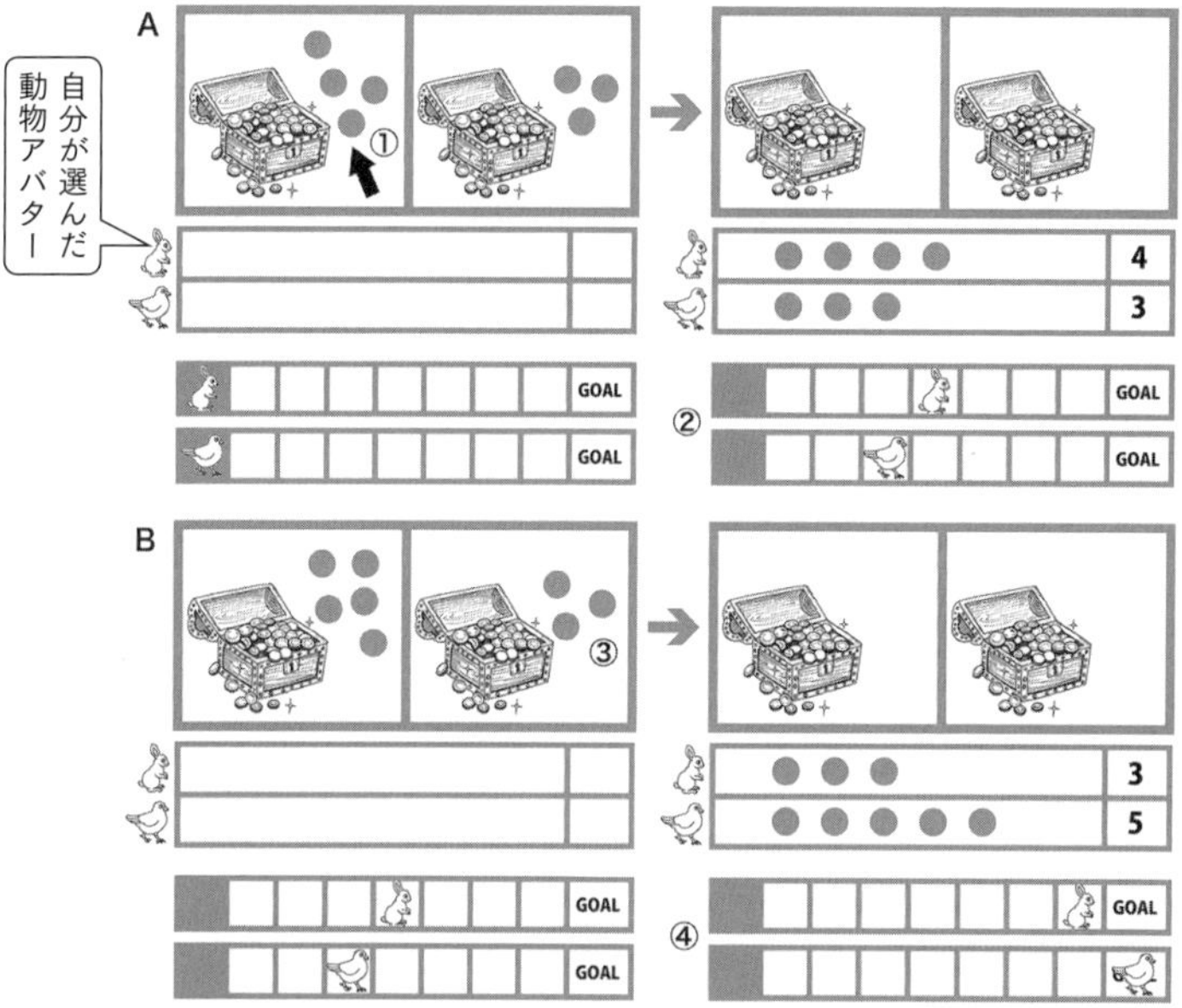

ドゥアンヌらが開発した、子どもの生物学的計算能力（一次生物学的能力）を二次生物学的計算能力につなげようとするゲームソフト。

A：画面の左右のうち、コインの数が多いほうを選ぶと（①)、自分が選んだ動物アバターがその数だけ前に進める（②)。
B：もし、コインの数の評価を間違って、数が少ないほうを選んでしまうと（③)、競争相手の動物のほうが多く進めるので、追いつかれて（あるいは追い越されたりして）しまう（④)。

図21　コンピューターゲーム「ナンバー・レース」

の山から枚数が多いほうを、自分の動物アバターが、もう一方の動物アバターよりも先に選ばなければなりません（図21）。

子どもが、〝一次的〟に好む「動物」や「わかりやすい絵や図」、「競争」などを取り入れたこの学習用ゲームソフトは、フィンランド政府に支援されて八つの言語に翻訳され、二万人以上の教育者がダウンロードしているといいます。

ドゥアンヌは、「子どもは成長するにつれ、生来の概算システムを基盤に、より洗練された〝計算機〟をつくり上げていく」と述べ、生物学的二次能力（洗練された〝計算機〟）がしっかりと形成されるためには、生物学的一次能力（生来の概算システム）が重要であることを指摘しています。さらに、両者がスムーズにつながるためには、子どもが〝一次的〟に興味関心を引く学習教材のデザインが重要であることを、実際の学習用ゲームソフトをつくって示しているのです。

エピローグ　現代人の精神活動は狩猟採集時代に適応しているのか？

ヒトは狩猟採集生活に適応しているという知見

私は、本書プロローグで、次のように書きました。

本書をはじめるにあたって、「動物行動学とはどういう学問か」そして「なぜ、学習を、動物行動学から見ることが斬新で有効なのか」について、もう少し詳しくお話ししておきたいと思います。

この問題意識のもと、本書の説明では、特に、次の二つの知見を重視して話を進めました。

・一つ目の知見……われわれホモサピエンスの脳の機能や構造も含めた形質は、二〇万年の歴史の九割以上をしめる、自然の中での狩猟採集生活に適応している

・二つ目の知見……二〇万年の歴史の九割以上をしめる〝自然の中での狩猟採集生活〟に適応したわれわれホモサピエンスの脳の機能や構造も含めた形質は、現代においてもほとんど変化していない

これらの二つの知見は、動物行動学者が現代人の体のつくりや行動、心理・学習などの精神活動について論じるとき、しばしば基盤に据えられる知見です。

それは、「現在を生きているわれわれの体のつくりや行動、心理がなぜそのようになっているのか」について、また、それらの特性そのものについて理解を深めるうえでとりわけ重要だからです。

たとえば、シロイワヤギという、急斜面の岩場を生息地にする動物の行動を考えてみましょう。

本来の生息地ではない、広い平らな土地につくられた動物園の一画に、シロイワヤギが飼育されていたとします。

急斜面の岩場に適応しているかれらの足の蹄《ひづめ》は発達しており、その伸び方も他種のウシ科の哺乳類に比べて早いはずです。また、飼育区画内に大木があったとすると、シロイワヤギはその木に好んで登ろうとするはずです。

かれらの形態的、行動・心理的特性は、動物園内という平地でのシロイワヤギをいくら観察していても、なぜかれらがそんな特性を有しているのかはわかりません。それを知り、より深く理解するためには、シロイワヤギが本来どんな環境に適応進化した動物なのかを考えることが不可欠です。

同様に、「現代社会」という、シロイワヤギで言えば「平地の区画」にあたる環境でのホモサピエンスの行動も、ホモサピエンスが本来どんな環境に適応進化した動物なのかを知ることが不可欠なのです。

進化的に適応するほど人類の環境は一定でなかった?

けれど、人類学や進化学の進展にともない、最近、これらの二つの知見に対して、次のような指摘もなされるようになってきました。

一つ目の指摘は、「ホモサピエンスが過ごした約二〇万年の環境が、われわれの形質が進化的に適応するほど一定だったか。いや実際にはかなり変化が起こる環境だったようだ」という内容です。

先ほどのシロイワヤギの例で言えば、次のような言い方ができます。

シロイワヤギの体のつくり（蹄など）や心理（急な斜面を好む性質）は、シロイワヤギが、何世代にもわたって、急斜面の岩場を生息地としてきた結果、その環境への進化的適応として、遺伝的に生まれてきたものだと考えたが、本当にそうだろうか。

「急斜面の岩場」という環境は実際には一定してはおらず、平坦になったり草原になったり、かなり変化した環境だったとしたら、発達した蹄や急斜面を好む性質を、急斜面の岩場への適応と考えるのは不合理ではないか。

このような指摘がなされるようになった背景には次のような考古学における進展がありました。

数十年ほど前までは、ホモサピエンスを含む人類（生物学的には約四〇〇万年前にチンパンジーとの共通の祖先から分かれて、直立する形態に変わってきた霊長類のこと）は、アフリカ大陸西部の、疎林や湖が点在する草原（サバンナと呼ばれる地域）で、狩猟採集をして生きてきた、という説が広く受け入れられていました。

ところが、その後の研究で、人類史四〇〇万年はもちろん、ホモサピエンス史二〇万年の間でさえも、環境は安定したものではなく、温暖と寒冷、湿潤と乾燥を繰り返し、森と草原とが入れ替わるような不安定な状況だったことがわかりました。もちろん、ホモサピエンスがアフリカを出て、世界中に広がりはじめた約一〇万年前からは、その環境は行く先々で異なっていたでしょう。

したがって、われわれホモサピエンスの特性を、ある一定の環境に適応した産物だと考えることはできないのではないか、というわけです。

人類の進化的適応に必要な時間は?

二つ目の指摘は、「ホモサピエンスの棲む環境の大きな変化の起点となる農耕や牧畜による定住生活への移行は、ほんの約一万年前からはじまり産業革命はわずか二〇〇年前だった。それくらいの時間では、脳の活動が現代社会に適応するような遺伝的変化は起こりえないというが、本当に進化的適応にはそれ以上のもっともっと長い時間が必要なのだろうか」というものです。

アメリカの進化生物学者マーリーン・ズックは、最近、著書『私たちは今でも進化しているのか?』(渡会圭子訳、文藝春秋)の中で、この指摘を明確に主張しました。

ズックは、ハワイ諸島において、新たに諸島外から侵入した寄生バエに見つからないような「鳴かないコオロギ」が、わずか五年で祖先種から進化したことをつきとめました。その研究は進化に関連した分野では世界的に有名になりました。その事実に触発されて、ズックは、ホモサピエンスにおいても、一万年の時間があれば農耕・牧畜以降の文明生活という新しい環境に、ある程度は適応できているのではないか、と主張したのです。

ヒトの生活スタイルはほとんど不変だった

さて、これらの指摘は、本書にとって大きな意味をもちます。

もし、「ホモサピエンスの特性を、ある一定の環境に適応した産物だと考えることはできないのではないか」「ホモサピエンスにおいても、一万年の時間があれば農耕・牧畜以降の文明生活という新しい環境に、ある程度は適応できているのではないか」という反論がまったく正しいとしたら、つまり、「ホモサピエンスの形態的および精神的特性は、特定の生活環境に適応しているわけではない」、また「進化的適応は比較的短時間で起こりうるものだから、われわれホモサピエンスの形態的および精神的特性も文明生活に遺伝的に適応している」ということになります。

私が本書で論じた内容は、そもそもその根底が怪しくなるわけですから、これらの無視できない指摘をエピローグであえてご紹介してしまうとは、本書の運命やいかに……。

結論から言いますと、私はこのような指摘を十分知ったうえで本書を書きました。それは二つの指摘自体はもちろん重要な研究成果なのですが、ほとんど、本書の内容を損なうものではないと思っているからです。

簡単に説明します。

まず、「ホモサピエンスが過ごした約二〇万年の環境が、われわれの形質が進化的に適応するほど一定だったか。いや実際にはかなり変化が起こっていた環境だったようだ」という指摘についてです。

確かに地質学的な現象としての気候の長期にわたる物理的な変化はあったでしょう。でも一方で、少なくともホモサピエンスの約二〇万年の歴史において、ほとんど変わらなかった環境もあったと思われます。その一つは、狩猟採集という生活環境です。

それは草原で行われたり、森で行われたり、海辺で行われたり……と、場所は、時期や集団によって異なっていたでしょうが、「狩猟採集という生活のスタイル」は、農耕や牧畜などがきっかけとなる「定住をともなった文明生活」がかなり発達するまでは一貫して続いていたと考えられています。また家族を単位とした集団の構成という社会的環境なども一貫していたでしょう。

ですから、少なくとも、そういった「一貫して続いたと考えられる環境への適応」という想定は、生物学的にまったく合理的なものなのです。

そして、本書で論じた内容は、家族を単位とした一〇〇人あるいはそれ以下のグループでの狩猟採集生活といった、ごく基本的な環境への適応を前提にしているのです。

こういった安定した環境面への適応という見方が、新しい理解の光を投げかけてくれる現代ホモサピエンスの特性は、今回扱った「学習」という活動にも、また、学習以外の行動や精神活動にもたくさんあるのです。

ホモサピエンスが短時間で進化的適応した例

次に、「ホモサピエンスの棲む環境の大きな変化の起点となる農耕や牧畜による定住生活への移行は、ほんの約一万年前からはじまり産業革命はわずか二〇〇年前だった。それくらいの時間では、脳の活動が現代社会に適応するような遺伝的変化は起こりえないというが、本当に進化的適応にはそれ以上のもっともっと長い時間が必要なのだろうか」という指摘についてです。

ズックは、ホモサピエンスの形質が、比較的短い間に、生活環境の変化にともなって遺伝的に適応進化したと思われる事例をいくつかあげています。

たとえば、ヒトも含めた哺乳類の乳に含まれる乳糖（ラクトース）という成分があります。ラクトースを分解する酵素がラクターゼです。

世界中の多くのホモサピエンスに備わっている「大人になってもラクターゼが生産され続ける」という性質は、約一万年前にはじまった牧畜という新しい環境に遺伝的に適応進化した結果と考えられます。牧畜の生活では、乳離れした後も、家畜から得られる乳製品を食料として消化吸収できる個体のほうが生存・繁殖に有利だった。だからそういう性質の個体が増えていった、と考えられるのです。

ちなみに、ラクターゼはヒトの小腸に多く存在しています。そのラクターゼの欠乏が、「乳糖不耐症」です。牛乳でお腹がゴロゴロする原因です。消化不良や下痢を起こすため、ラクトースフリーの牛乳も売られはじめています。

また、現在の地球上には、デンプンの摂取が比較的少ない地域のホモサピエンス集団と、デンプンの摂取が比較的多い地域のホモサピエンス集団がいます。前者の少デンプン集団は、たとえばアフリカの二つの狩猟採集民と牧畜民、ヤクート族などなどです。後者の多デンプン集団は、ヨーロッパ系アメリカ人や日本人などです。

両者を比べてみると、後者のホモサピエンスのほうが、染色体内のアミラーゼ遺伝子のコピー数が明確に多いことが明らかになりました。つまり、農耕の開始以後に生じた、デンプンを多く摂取するという新しい環境に、ホモサピエンスの生理特性は適応し得た。それが有利な環境では、デンプンの効率的な分解・吸収を可能にする酵素（アミラーゼ）をつくりだす、遺伝的な変化が起こったということです。

他にも、「マラリアが多く発症する地域では、マラリア原虫が内部で増殖しにくい鎌形赤血球の遺伝子をもつホモサピエンスの割合が多い」ことや、「酸素濃度が低い高地で暮らしているホモサピエンス集団では、平地で暮らすホモサピエンス集団と比べ、低酸素環境でも酸素を体内の組織に効率的に運ぶ遺伝的な生理特性をもつ個体が多い」ことなどがあげられています。

関与する遺伝子は小、生存・繁殖への影響は大

さて、このような指摘についてはどう考えればよいのでしょうか。

まずは、ホモサピエンス以外の動物で考えてみましょう。先ほどは、シロイワヤギを例にしましたが、今度はコウモリを例にしましょう。

たとえば日本に生息しているキクガシラコウモリという洞窟性コウモリは、超音波を発し、その反響音波を感受することによって、餌をはじめとした外界の状況を把握します。超音波が発される方向を調節するため鼻は特殊な形態を有しており、反響音波を感受するため耳も超音波の受信に適した形態になっています。

休息や冬眠、子育てなどは、洞窟内の天井に逆さまにぶら下がって行いますが、後肢や指、指先の爪などは、エネルギーをほとんど消耗することなく天井にぶら下がれるような構造になっています。

言うまでもなく、哺乳類でありながら、縦横無尽な飛翔を可能にする翼は、四肢周辺の皮膚の驚くべき変形によって生み出されています。

キクガシラコウモリのこれらの体のつくりや行動や習性は、客観的に考えて、洞窟をねぐらとして夜の森で餌を捕るという生活環境へ適応したと考えるのが妥当でしょう。

つまり、基本的な生活環境への、かなり細部にまで及ぶ「適応」は確かに起こるということです。

これは生物学の基本ですが、まずはその事実を改めて確認しておきましょう。

そのうえで、キクガシラコウモリや、それと近縁で体のつくりや行動・習性もよく似ているコキクガシラコウモリは、日本の多くの地域で絶滅危惧種に指定されています。この事実は、かれらが、農耕や牧畜にともなう定住生活以降に顕著になった、人為的に変えられてきた自然の環境に適応できていないことを示しているのではないでしょうか。

同様に、生命の四〇億年の歴史の中で、環境の変化に対応した遺伝的な変化が追いつかずに絶滅した生物種はたくさんいたことを古生物学は示していますし、産業革命以降の、人類によって引き起こされた自然環境の変化によって絶滅に追いやられた生物も多いことも事実です。

つまり、ある程度長い時間を必要とする進化は確かに多く存在するのです。

また、次のように考えることもできるでしょう。

進化には、比較的速く進む形質と、ゆっくりとしか進まない形質とがある。前者のケースは、その形質が、少数の遺伝子によって決められており、かつ、その形質が、個体の生存・繁殖に大きな影響を与えるような場合です。たとえば、「大人になってもラクターゼが生産され続ける」という形質などがそれにあたるでしょう。

生涯にわたってのラクトースの持続的活性は、成長とともに、「ラクターゼの生産を抑制する働きを担う」遺伝子が、塩基の突然変異によって働きを失うことによって生じます。おそらく、関与している遺伝子は少数です。

また、牧畜生活をはじめたホモサピエンスにとって、赤ん坊期以降も乳製品が食料になるかどうかは、個体の生存・繁殖に大きな影響を与えるに違いありません。

いっぽう、「ヘビに対して少なからぬ恐怖を感じる」という形質はどうでしょう。ヘビに出合うことがまれになったホモサピエンスにとって、ヘビを怖がるという形質があってもなくても、生存・繁殖にそれほど大きな影響を与えるとは考えられません。自然選択の圧力が大きくはないのです。

ですが、こちらは脳内の複雑な神経系の形成に関与する多くの遺伝子が関わっている可能性があります。したがって、短い時間で変わってしまう可能性が高くないのではないでしょうか。

私が本書の中で頼りにした、狩猟採集生活に適応した形質は、「短い時間で変わってしまうことはない」ものだったと思います。

まとめて言いますと、私が本書で特に重視した二つの知見は、少なくとも、本書の議論の中では十分有効だ、ということです。つまり、われわれホモサピエンスの脳の機能や構造も含めた形質は、二〇万年の歴史の九割以上をしめる「自然の中での狩猟採集生活」に適応しているし、われわれホモサピエンスの脳の機能や構造も含めた形質は、現代においてもほとんど変化していないのです。

性差と学習の方法

さて、では最後に、まさに、「学習が、ホモサピエンスの狩猟採集生活に適応している」ことを支持する事例を二つあげて、本書を閉じたいと思います。

一つは、アメリカの公立学校で二〇〇〇年ごろから試行されている「男女を分けたクラスでの授業」の実施です。本書の読者には、ご存じの方も多いかもしれませんね。もちろん、男女で学習の内容に差をつけたり、カリキュラムを変えたりすることはありません。また、子どもたちは、それぞれの希望によって男女共学のクラスと男女別のクラスを自由に選ぶことができます。

授業内容やカリキュラムが同じなら、なぜ男女別クラスをもうけたのでしょうか。男子クラスと女子クラスの授業の一般的な違いは、次のような点です。

男子クラスでは、教員はしっかりとリーダーシップをとり、子どもたちが、リーダー（教員）に注目し、互いに活発に競い合うような状況をつくりながら授業を進めていきます。リーダーは、命令口調を比較的多く用いながら、競争と団結を促します。小学生では、授業の途中で子どもたちが、床に寝そべったり運動をしたりする時間をもうけることもあります。

いっぽう、女子クラスでは、授業は、互いが競い合うのではなく、協同して考えさせるような雰囲気で行われます。子ども同士が集まって、互いに質問を出し合い、一緒に考えさせるような時間が多くもたれます。

このような男女別クラスが学習効果をあげるかどうかについては、まだ十分な結論が出ているとは言えません。しかし実施校の多くで、教員は、男女とも学習への意欲が増したという印象をもっており、特に、「男子クラス」において、成績の顕著な上昇が見られると報告されています。

「ホモサピエンスという動物の本来の生活環境である狩猟採集生活」は、次のような環境です。

狩猟採集生活では、基本的に、男性は狩猟、女性は幼児の面倒を見ながら植物を中心にした採集を担当していたようです。そして、それぞれの分担への適応は、体つきも含めた男女の遺伝的な違いとも深く関わっていることがさまざまな分野の研究から指摘されています。

たとえば、男性は、走ったり投げたり跳んだりする能力や、遠くの平原を動く物体を認知する能力、標的にものを当てる能力、地理的に方向を正しく予想する能力などに長け、女性は、繊細な色の認知や、ものの配置を記憶する能力、他人の表情を細かく読み取る能力などに長けていることが実験的に確認されています。

また、男性は、しばしば居住地からかなり離れ、リーダーを中心とした比較的統率のとれた集団で、互いに競い合い協力しながら狩猟を行っていたと考えられており、女性は、居住地の周辺で、幼児の世話をする母親も含めて、互いに寄り添い、おしゃべりをし、協力しながら採集などを行っていたと考えられています。

したがって、われわれホモサピエンスの、学習活動も含めた脳の働き方は、このような環境でうまく作動するように設計されていると動物行動学は予測します。

つまり、学習がより活発に行われる環境は、男性（男の子）では、「リーダーを中心とした比較的統率のとれた集団で、互いに競い合い団結するような」環境であり、女性（女の子）では、「互いに寄り添い、おしゃべりをし、協力しながら」の環境ではなかっただろうか、と考えるのです。

まだ結論には至ってないとはいえ、男女別クラス授業に学習効果があることを強く示唆する報告は、「学習が、ホモサピエンスの狩猟採集生活に適応している」ことを支持しているのです。

ちなみに、男女の認知特性や、それを考慮した男女別クラスの実施について、悪しき男女差別を思い浮かべられる方もおられるかもしれないので、少し、補足しておきます。

男女の認知や興味関心の生物学的な差というのは、たとえば身長の性差と同じように、あくまでその平均値が異なるというだけで、個体によっては男女の傾向が逆転していたり、また生育環境の違いなどによっても変化するものです。ただし、一つの生物種の特性として見たとき、身長に遺伝的な差があるように、認知や興味関心にも遺伝的な差がある、と考えるのが生物学的知見です。

また、そのような違いに基づいて男女別クラスを行うべきかどうかについては、それが、優れた学習効果をもつかどうかという問題以外の面、たとえば、授業の中で学ぶことになる他人の思いを配慮する力とか、男女別授業がもつ社会的な影響などについても考えなければならないと思います。実際、アメリカでは、男女別授業の実施に関しては、そういった面からの論議も起こっているようです。

アフリカのアカピグミー族の狩り

さて、もう一つの「学習が、ホモサピエンスの狩猟採集生活に適応している」ことを支持する事例は、私自身が行った研究の結果です。

私は、まず、アフリカのアカピグミー族の、狩りを含んだ日常生活の映像記録（八分間）を用意しました。狩りというのは、網に動物を追い立てるネットハンティングです。わざわざネットハンティングにこだわったのには理由がありました。それは狩りに男性も女性も参加していているからです。それがなぜ重要なのかは後で説明します。

映像は、二〇人程度の集団がベースキャンプに移動しているところからはじまります。ベースキャンプに着くと周辺の木を切って簡単な家をつくったり、火を起こしたり、植物の樹皮から紐をつくったりします。やがて、五、六人の男女が狩場に移動し、まずそこで森の精霊に成功を祈り、それから狩りにとりかかります。

狩りの方法は、まず、五〇メートルほどの帯状の網を、木の枝に引っ掛けるようにしながらUの字に張っていきます。次にUの字の開いた部分から女性たちが音を立てながらゆっくり前進し、動物をUの字の内部に追い込んでいきます。いっぽう、男性たちはUの字の底の外側で待ち構え、追われて逃げて網にかかった動物を押さえつけて捕まえます。

映像では中型犬程度の大きさのマメジカが網にかかり捕まっていました。途中に日本語のナレーションが入りアカピグミーの人たちの行動の解説がされています。

私は、この授業での実験を、以下の手順で行いました。

担当している講義に早めに行き、二〇〇人程度の学生が揃った時点で、特に講義の始まりも宣言せず、できるだけさりげなく「ちょっとこのビデオを見てください」と言って部屋を暗くしVTRを流しはじめます。

ＶＴＲが終わったら、「このＶＴＲの内容についてはまた後でふれるから」とだけ言って、九〇分のふつうの講義をはじめます。講義はＶＴＲとは関係のない内容です。

そして講義時間が終了する五分ほど前になったころ、他の人と話をしないように注意をして、用意していたＶＴＲ映像の内容についての記憶テスト用紙を配ります。

質問事項は、「ピグミーの人が身につけていたものの男女差」や「ベースキャンプに移動しているときの荷物の持ち方」「火の起こし方」「植物を加工して紐をつくる方法」「狩りの成功を祈る儀式の内容」「ネットハンティングの手順」「捕まえた動物の種類」などでした。各々の質問には、正しいものを一つ含んだ五択にしました。

このようにして得られた資料をまとめることによって、どの質問に対して男性と女性それぞれがどれくらいの正解率を示すかを知ることができました。実験の状況から考えて、正解率が高い質問事項というのは、それだけ自発的な関心度が高い、あるいは、脳がそれだけ敏感に反応する特性を備えているような内容だと考えられます。

興味対象には性差がある

こういった実験を計五〇〇人程度の学生で行い、また小学校の先生にもお願いして一〇〇人程度の小学生（四〜六年生）でも行いました。その結果が図22です。

この実験からわかったことは、大学生と小学生ともに、女性では「ピグミーの人が身につけていたものの男女差」、「植物を加工して紐をつくる方法」「狩りの成功を祈る儀式の内容」で男性よりも正解率が高くなりました。いっぽう男性では、「火の起こし方」「ネットハンティングの手順」「捕まえた動物の種類」などで女性よりも正解率が高いということです。それらの多くは統計学的に意味のある差でした。

つまり男性は女性より狩りの内容をより正確に覚えている、つまり学習しているということです。

ヒトは一般的に、自分と同性の個体の行動に感情移入して記憶しやすいと言われることがありますが、得られた男女差が、このような理由によって生じたものでないことは確かです。というのは、映像では、男女ともにネットハンティングという狩りに参加しているからです。最も合理的な推察は、男性の脳は女性の脳に比べ、狩りに関連した場面に対して敏感に反応し、その内容を記憶にとどめる特性が強いのではないかということです。そしてそれは、「学習が、ホモサピエンスの狩猟採集生活に適応している」ことを支持しています。

少々堅苦しい話になりましたが、本書の基盤になる二つの知見について、その内容の妥当性を確認しました。

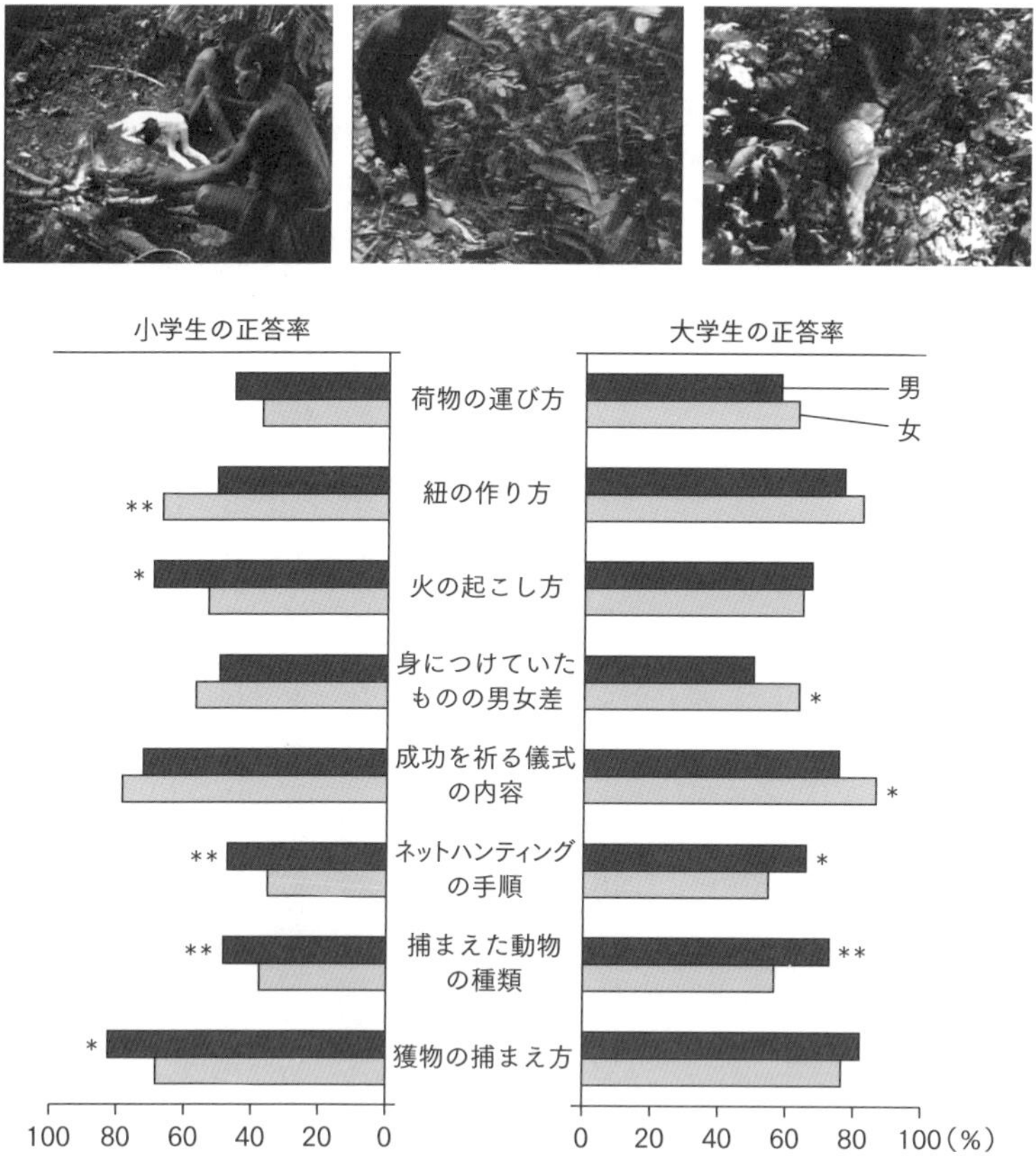

図 22　アカピグミー族の狩りの映像による実験の結果
* < 0.05, ** < 0.01（χ^2-test）

「われわれホモサピエンスの脳の機能や構造も含めた形質は、二〇万年の歴史の九割以上をしめる、〝自然の中での狩猟採集生活〟に適応している」

「二〇万年の歴史の九割以上をしめる〝自然の中での狩猟採集生活〟に適応したわれわれホモサピエンスの脳の機能や構造も含めた形質は、現代においてもほとんど変化していない」

こうした特性をもつ脳の活動として、現代人の「学習」を理解する視点は、先端技術を駆使した脳科学や学習機材などが今後いくら発展しても、色あせることのない重要な、また、それらの発展の指針にもなる視点だと思います。

私自身も、これからも、その視点に立ったよりよい授業のモデルについて、またそれを窓口にして、ヒトの学習について、さらにヒトという動物の特性について考えていきたいと思います。

あとがき――進化教育学のさらなる理解のために

さて、「動物行動学から見た学習」、あるいは「進化から見た学習」、つまり「進化教育学」についての本書を書き終えたわけですが、冒頭でお約束した、ある宿題についてまだお答えしていません。それは「行動経済学も本質は進化経済学なのです」という文章の意味です。そして、この宿題に答えることは、本書で提示した「進化教育学」を広い視野から見つめ、進化教育学の理解の深化につながると思います。

少し長めになるかもしれませんが、このような意図をもって、「あとがき」を書かせていただきます。

＊

昨年二〇一七年のノーベル経済学賞受賞者は、米シカゴ大学のリチャード・セイラー教授です。

氏の功績は、「経済学へ心理学を導入することによって生まれた行動経済学の進展への貢献」でした。

行動経済学が順調に進展していることは、ノーベル経済学賞が、二〇〇二年、二〇一三年、そして二〇一七年と、二〇〇〇年以降三回にわたって行動経済学者に与えられているという事実からも容易に想像できます。

行動経済学の芽といってもよい理論を提唱したハーバート・サイモン氏がノーベル経済学賞を受賞したのは一九七八年ですが、その芽が花開きつつあるということでしょう。

ところで、「行動経済学」に関する最近の一般的な評価や解説は、(単なる)〝心理学の導入〟だけを謳っていますが、行動経済学の本質を理解するためには、「進化的適応の結果としてのヒトの心」を考えなければならないと思います。

その点についてこれから説明していきます。

行動経済学は、「人は皆、自己利益のために完全に合理的に意思決定をするはずだ」という、それまでの経済学(標準経済学とも呼ばれますが)が拠って立ってきた基盤に修正を唱えました。そして、人の経済的判断（資産の運用や他人とのお金に関係した駆け引き等）には、人の心が有する、不合理に思えるような心理的なクセが大きく影響を与える、と考えたのです。

たとえば、行動経済学において〝近視眼性〟と呼ばれる心のクセは、「同じ価値を持っているものも、今持っているもの、あるいは、より早く手に入るものに（遅くにしか手に入らないものより）大きな価値を感じてしまう」というものです。

そういったクセがあるからこそ、現金で大量の品物をすぐ買ってくれるバイヤーに対しては、その値段をかなり割引したり、ローンより一括払いのほうが値段は安かったりするのです。

実験によっても〝近視眼性〟は支持されており、たとえば、どちらでも選択できる場合、「一か月先に手に入る一万一〇〇〇円」より、「三日先に手に入る一万円」を選ぶ人のほうが圧倒的に多いことが確認されています（同様なことは、韓国人でもアメリカ人でも確認されています）。

〝限定合理性〟と呼ばれる心のクセも知られています。

たとえば、セイラー氏が「心の家計簿」と命名して理論化した例が有名です。

人は心の中で、食費とか娯楽費、資産形成費、医療費といった具合に家計簿上のお金を分類し、各々の分類項目の中で独立的にやりくりしようとする傾向があります。娯楽のための何らかの物品を買うとき、娯楽費のなかではすぐには買えないからとローンを組んで……という判断は、純粋に合理的な判断から言えば損です。ゆとりがある別の経費項目の中から出費して即金で買うほうが、その人にとっては得なのです。でも、「心の家計簿」という心のクセが損なほうを選ばせるのです。

もう一つだけクセをあげましょう。〝社会的選択〟と呼ばれるクセです。

人には、他人との金銭的な駆け引きにおいて、「自分の利益が最大になるような選択をするのではなく、相手に、自分が誰なのかわからない状況であっても、相手と自分とが公平になるような行為を選択する傾向がある」というものです。

たとえば日本の社会心理学者の山岸俊男氏は以下のような実験を行っています。

お互いに面識のないボランティアの日本人学生に、実験への参加を依頼し、まず、実験への参加のお礼として五〇〇円を渡します。次に、参加者の中から二人ずつを選び、次のような指示が与えられます。

「そのお金を相手に渡すかどうかを決めてください」

「もし、相手があなたに五〇〇円を渡してくれたら、そのお金に加えて、私がさらに五〇〇円をあなたに渡します」

「ですから、もし二人とも相手に五〇〇円を渡したら、相手からもらったお金五〇〇円と、私が渡した五〇〇円とで一〇〇〇円になります」

「もしあなたが五〇〇円を渡さず、相手だけがあなたに五〇〇円を渡したとしたら、あなたは自分の手持ちの五〇〇円と相手が渡してくれた五〇〇円、さらに私が渡した五〇〇円を合わせて一五〇〇円を手に入れることになります」

「逆に、もしあなただけが相手に五〇〇円渡したとしたら、あなたの手元にはお金は残らず、相手は一五〇〇円手にすることになります」

これらの説明を聞いた上で、学生たちは、相手とは顔を合わせず、相手のいないところで自分の行動を決定します。

そして、実験によって得られた結果を要約すると次のようになりました。

（1）相手がどういう行動をとったかを知らない状態で相手に五〇〇円を渡した学生の人数の割合は五六％だった。
（2）相手が五〇〇円を渡したということを知った後では、七五％の人数の学生が、自分も五〇〇円を相手に渡した。

（3）相手は五〇〇円を渡さなかったということを知った後で自分も五〇〇円を相手に渡した学生は一割程度だった。

同様の実験は、韓国やアメリカでも行なわれており、これらの国でも、似たような結果が得られているということです。

これらの結果は、人は、潜在的には、〝社会的選択〟の心理的クセを備えていることを示しています。

さて、一般的な解説では、行動経済学が優れているのは、以上のような〝近視眼性〟、〝限定合理性〟、〝社会的選択〟などの心のクセが人の経済的活動に大きな影響を与えていることを明らかにしたことだ、と述べられます。しかし、私は、その批評は、もちろん正しい内容を突いているのですが、実は、もっと本質的なところに言及していないと、いつも思うのです。

その「本質的なところ」というのは次のようなことです。

〝近視眼性〟、〝限定合理性〟、〝社会的選択〟などの心のクセの正体は何なのか？ということです。そして、その正体こそが「進化的適応」なのです。

以下、それぞれのクセがどのように「進化的適応」なのか？　結局のところ、行為の当事者に利益を与える結果をもたらす進化的適応の産物なのか？　について簡単に説明します。

結論から言えば、これらの心のクセは、われわれの脳が形成されていったホモサピエンス史約二〇万年の九割以上を占める「自然の中での狩猟採集生活」において有利だった（進化的適応を経た）心理的特性だった、ということです。

では、ここであげた三つのクセが具体的にどんな有利さをもっていたのか？　それぞれについて述べていきましょう（ちなみに、一つ注意しておいていただきたいことは、これから述べることは、あくまで私がここで初めて書き表す内容も含めた仮説であるということです）。

〝近視眼性〟については次のように考えられます。

仕留めた動物の肉にしろ採集した果実にしろ、それらがいつまでも価値を失うことなく存在する保証はありません。むしろ、腐ったり、居住地に侵入した野生動物に取られたり、雨が降って流されたり……自然の中ではいろいろなことが起こりうるのです。手に入る予定だったものがその通りになる可能性も現代から比べるとかなり低かったに違いありません。

したがって、すぐ手に入るもののほうに、実際にはどうなるかわからない先々に手に入る予定のものよりも高い価値を感じることは合理的なこと、有利なことだったと考えられるのです。

〝限定的合理性〟については、次のように考えられます。

貨幣という、異質なものを（たとえば、衣服と食べ物、狩猟採集の道具……）容易に互いに交換できる共通媒体物がなかった狩猟採集生活においては、〝会計簿〟は、衣服部門、食べ物部門……というように、独立した項目として、個々の不足・充足具合を考えるほうが有利だったのではないでしょうか。

いくら衣服やその素材が有り余っていても、だからといってその余り分を食べ物に回すことはできないのです。

最後に、〝社会的選択〟についてです。

「われわれホモサピエンスが、その中で進化的に誕生した本来の生活様式は自然の中での狩猟採集生活である」ことは何度もお話ししましたが、群れの環境については「一五〇人以下の、個々人が互いに顔見知り合いの集団であった」と考えられています。

そういう集団内では、「基本的には互いに協力しようとする」心理と「自分は協力せず、他人の協力によって利益だけを得ようとする個体を非難する」心理を併せ持つ個体が、結局は最も大きな利益を得る、と考えられるのです。

さて、少々長くなりましたが、私が以上の文章で伝えたかったことは、次のようなことです。

教育法、あるいは学習法を考えるとき、「進化的適応」の産物としての脳のクセを考慮すべきだと主張するのは、人間の経済的活動の理解や予測に「進化的適応」の産物としての脳のクセを考慮すべきだということと同じことだ。

一九七八年、ノーベル経済学賞を受賞したハーバート・サイモンは、「人間は認知能力の限界から完全に合理的であることはできない」と述べ、人が純合理的な思考で経済的判断をしているのではないことを主張しました。

ちなみに私は、前述の『ヒトの脳にはクセがある――動物行動学的人間論』の中で、進化的適応の視点から、サイモン氏の言葉をさらに本質的にした、人の思考や心理等についての特性を次のように説明しました。

ホモサピエンスの脳は〝時間はいつから始まったのか〟や〝宇宙の果てはどこか〟、〝物質から構成されている脳からなぜ意識が生まれるのか〟等を、リアルに考えることはできない。なぜなら、他の動物がそうであるように、ホモサピエンスが、本来の生活環境である自然の中での狩猟採集生活に進化的に適応したとき、これらの問題を考えるような脳の機能は必要なかったからだ。それは、オオカミが狩猟のときに使用する道具についてリアルに考えることができないのと同じだ。オオカミの脳はそのようにはできていないからだ。

伝統的な心理学にしろ経済学にしろ、そして教育学にしろ、人の活動を探求する学問は、言い過ぎを恐れず敢えて言えば、どこに埋まっているかわからない鉄でできた宝物を探すとき、手当たりしだいに地面を掘り起こしていたのではないのでしょうか。人は進化の産物として生まれたという根本的な原理が手に入ったのだから、なぜ、宝探しの羅針盤（たとえば金属探知機とか、宝物を埋めた人物の考え）となるような「進化的適応」、そしてそこから予想される「人の脳のクセ」を利用しないのでしょうか。

脳は進化的適応の産物として、それぞれの生物の生活環境で生存・繁殖がよりうまくいくようなクセを持っている。それが、サイモン氏の言う「認知能力の限界」なのです。

以上が、私が今回書いた、進化教育学をとりまく大きな背景です。

本書を読んでくださった皆さんが、「ホモサピエンスとはどういう存在なのか」についての生物学的理解とともに、その知見が教育にも貢献しうることを感じていただければ望外の喜びです。

最後になりましたが、本稿の価値を理解し出版にまで運んでくださった春秋社の手島朋子さんに心からお礼申し上げます。

小林朋道

参考・引用した主な書籍

■プロローグ

N・B・デイビス、J・R・クレブス、S・A・ウェスト『行動生態学』野間口眞太郎・山岸哲・巌佐庸訳、共立出版、二〇一五年

小林朋道『絵でわかる動物の行動と心理』講談社、二〇一三年

R・M・ネシー、G・C・ウィリアムズ『病気はなぜ、あるのか――進化医学による新しい理解』長谷川眞理子・長谷川寿一・青木千里訳、新曜社、二〇〇一年

■第I部

R・ダンバー『人類進化の謎を解き明かす』鍛原多恵子訳、インターシフト、二〇一六年

W・H・G・ルーウィン『これが物理学だ!――マサチューセッツ工科大学「感動」講義』東江一紀訳、文藝春秋、二〇一二年

日高敏隆・山下恵子・新妻昭夫『動物の行動』東海大学出版会、一九八二年

M・S・ガザニガ『人間らしさとはなにか?――人間のユニークさを明かす科学の最前線』柴田裕之訳、インターシフト、二〇一〇年
小林朋道『人間の自然認知特性とコモンズの悲劇――動物行動学から見た環境教育』ふくろう出版、二〇〇七年
小林朋道『先生、カエルが脱皮してその皮を食べています!――「鳥取環境大学」の森の人間動物行動学』築地書館、二〇一〇年
小林朋道『先生、キジがヤギに縄張り宣言しています!――「鳥取環境大学」の森の人間動物行動学』築地書館、二〇一一年
小林朋道『利己的遺伝子から見た人間――愉快な進化論の授業』PHP研究所、二〇一二年
J・M・ピアース『動物の認知学習心理学』石田雅人・石井澄・平岡恭一・長谷川芳典・矢澤久史訳、北大路書房、一九九〇年
J・リゾラッティ、M・シニガリア『ミラーニューロン』柴田裕之訳、紀伊國屋書店、二〇〇九年
E・O・ウィルソン『生命の未来』山下篤子訳、角川書店、二〇〇三年
■第Ⅱ部
N・チョムスキー『文法の構造』勇康雄訳、研究社出版、一九六三年

J・ベリング『ヒトはなぜ神を信じるのか――信仰する本能』鈴木光太郎訳、化学同人、二〇一二年
D・F・ビョークランド、A・D・ペレグリーニ『進化発達心理学――ヒトの本性の起源』無藤隆監訳、新曜社、二〇〇八年
U・ゴスワミ『子どもの認知発達』岩男卓実・古池若葉・富山尚子・中島伸子訳、新曜社、二〇〇三年
小林朋道『ヒトの脳にはクセがある――動物行動学的人間論』新潮社、二〇一五年
S・ミズン『心の先史時代』松浦俊輔・牧野美佐緒訳、青土社、一九九八年
C・K・ヨーン『自然を名づける――なぜ生物分類では直感と科学が衝突するのか』三中信宏・野中香方子訳、NTT出版、二〇一三年
藤原サヤカ・サヨコ『カラダはみんな生きている』祥伝社、二〇一一年
■エピローグ
M・ズック『私たちは今でも進化しているのか？』渡会圭子訳、文藝春秋、二〇一五年
■あとがき
山岸俊男『社会的ジレンマ――「環境破壊」から「いじめ」まで』PHP研究所、二〇〇〇年

著者紹介

小林朋道（こばやし・ともみち）

1958 年岡山県生まれ。岡山大学理学部生物学科卒業。京都大学で理学博士取得。岡山県で高等学校に勤務後、2001 年鳥取環境大学講師、2005 年教授。2015 年より公立鳥取環境大学に名称変更。2016 年から環境学部長。専門は動物行動学。
著書に『絵でわかる動物の行動と心理』（講談社）、『利己的遺伝子から見た人間』（PHP 研究所）、『ヒトの脳にはクセがある』『ヒト、動物に会う』（新潮社）、『なぜヤギは、車好きなのか？』（朝日新聞出版）、『先生、巨大コウモリが廊下を飛んでいます！』、『先生、犬にサンショウウオの捜索を頼むのですか！』（築地書館）など多数。

Twitter @Tomomichikobaya

進化教育学入門　動物行動学から見た学習

2018 年 1 月 25 日　第 1 刷発行

著者――――小林朋道
発行者――――澤畑吉和
発行所――――株式会社 春秋社
〒 101-0021 東京都千代田区外神田 2-18-6
電話 03-3255-9611
振替 00180-6-24861
http://www.shunjusha.co.jp/
印刷・製本――――萩原印刷 株式会社
装丁――――高木達樹
イラスト――――雲坂紘巳

ISBN978-4-393-74158-0
定価はカバー等に表示してあります